銷售真相
通路和推廣是行銷的核心

品牌戰略專家 小馬宋 著

感謝小馬宋的團隊
沒有你們，我終將孤軍奮戰
感謝我的家人
有了你們，我如此生機盎然

推薦序
請別再相信「酒香不怕巷子深」

文／鄔仁淳（莫尼科技 執行長／中國文化大學兼任助理教授）

在這個產品多到像天上星星的時代，你還在相信「只要東西好，自然有人來買」？醒醒吧！這句話早就跟恐龍一樣，變成歷史了！現在的市場，好產品多到滿出來，你的寶貝沒個好舞台，只能在角落邊哭泣。

這就像我們常說的「懷才不遇」。有才華的人很多，但真正能被賞識、被看見的卻是少數。原因很簡單，因為他們缺少一個展現自己才華的舞台。產品也一樣，如果沒有好的銷售通路和推廣策略，你的產品就只能被埋沒在茫茫產品海中。

我想到兩個在台北迪化街開店的好朋友，阿成的南北貨精挑細選，品質好到沒話說；小恩的貨嘛，就普普通通。結果呢？小恩靠著直播和社群，生意強強滾，阿成卻只能眼巴巴看著冷清的店面嘆氣。這故事告訴我們，在這個「酒香也怕巷子深」的時代，產品好還不夠，行銷才是王道！

那麼問題來了,該怎麼賣呢?

《銷售真相》這本書提供了一個很好的答案。這本《銷售真相》就像一本武林祕笈,作者小馬宋是位品牌戰略高手,他把銷售這件事,用最白話的方式,拆解成「通路」和「推廣」兩大絕招。

▶ 通路:
- 想像通路是你的產品通往顧客心臟的快速道路,選對路,才能事半功倍。
- 別以為通路越多越好,就像相親,適合你的才是最好的!

▶ 推廣:
- 推廣就像談戀愛,要讓對方知道你的優點,才能吸引他。
- 別以為砸大錢才有效果,就像追女朋友,真心誠意才是必殺技!

我特別喜歡作者小馬宋提出的「交易成本」觀點。簡單來說,就是讓顧客買東西更方便,就像去便利商店買東西,誰喜歡跑大老遠?降低顧客的交易成本,他們就會像蜜蜂一樣,被你的產品吸引過來。就像全聯福利中心,通路方面以「鄉村包圍城市」的策略,推廣則以「實在真便宜」的口號,主打平價策略,

提供物美價廉的商品，吸引消費者。就是非常具有啓發性的經典案例。

　　《銷售眞相》這本書就像一位幽默風趣且平易近人的朋友，用最接地氣的方式，告訴你銷售的眞相。它提供了一個很好的思考框架，幫助我們更全面地思考銷售問題，並找到更有效的解決方案。無論你是創業新手，還是銷售老鳥，都能從中得到滿滿的收穫。相信我，讀完這本書你會發現，原來銷售可以這麼有趣！

銷售真相
通路和推廣是行銷的核心

目錄

推薦序　請別再相信「酒香不怕巷子深」　　　　　　　　004
前言　怎麼銷售──創業前要想清楚的最重要的一件事　　014

PART 1 通路

筆記 1
4P 是一個你中有我、我中有你的體系　　　　　　　　　020

筆記 2
通路能力幾乎決定了創業公司的生死　　　　　　　　　027

筆記 3
通路創新本身也是商業創新的一種　　　　　　　　　　035

筆記 4
通路組織的難度　　　　　　　　　　　　　　　　　　045

筆記 5
通路管理的本質就是不斷提升整個通路的組織效率　　　054

筆記 6
通路增量與通路平移　　　　　　　　　　　　　　　061

筆記 7
酒類通路案例──通路建設是銷售的核心經營活動　　065

筆記 8
奶茶通路案例──一家小奶茶店的通路創新　　　　079

筆記 9
通路案例──
「腰帶哥」和「炸雞皇后」的通路興衰故事　　　　086

筆記 10
餐飲通路案例──
每一次通路的變化，都會帶來大量的新興商業機會　092

筆記 11
並不是所有的商品都能靠一種通路獲得銷售　　　　104

PART 2 推廣

筆記 12
4P 中「promotion」的準確含義　　　　　　　　118

筆記 13
推廣就是讓顧客產生記憶、購買和傳播　　　　126

筆記 14
行銷推廣活動「三角」：場景、內容和形式　　133

筆記 15
行銷推廣的底層邏輯　　　　　　　　　　　　141

筆記 16
設計推廣的時候，你根本不知道你的顧客在想什麼　　154

筆記 17
從顧客需求出發設計推廣內容　　　　　　　　160

筆記 18
影響消費者決策的 POM 模型　　　　　　　　168

筆記 19
做廣告為什麼有效？　　　　　　　　　　　　　　181

筆記 20
廣告的四種作用　　　　　　　　　　　　　　　　188

筆記 21
一個新品牌究竟是怎麼從 0 到 1 進行推廣的？　　202

筆記 22
花小錢辦大事──用創新實現低成本傳播　　　　206

筆記 23
推廣的本質在於降低顧客的交易成本　　　　　　219

筆記 24
一句帶有態度的口號，能立刻獲得顧客的心理共鳴　229

筆記 25
那些網紅品牌都是怎麼起步的？　　　　　　　　239

PART 3 品牌

筆記 26
品牌是所有相關人士對一件事物的認知集合　　　　　　　248

筆記 27
企業品牌力越強,在行銷上就越占優勢　　　　　　　　258

筆記 28
品牌塑造的菱形結構圖　　　　　　　　　　　　　　　262

筆記 29
用次級品牌槓桿創建品牌——順豐包郵背後的品牌原理　273

筆記 30
品牌定位是一種認知　　　　　　　　　　　　　　　　279

筆記 31
我們究竟應該怎麼做品牌　　　　　　　　　　　　　　285

番外篇

人無我有，人有我無	294
一個諮詢公司的經營邏輯	298
面對強大的競爭對手該怎麼辦	307
行銷諮詢值多少錢	311
別做「壞的市場調查」	314
行銷中那些老闆糾結的問題	320
越想增長，越難增長	326
用產品經理思維做出超強線下推廣	341

後記　終極武器──最終的三個錦囊　356

前言
怎麼銷售——創業前要想清楚的最重要的一件事

賣不出去，設計和生產就變得毫無意義。

在閱讀本書之前，我們應先達成一個共識：今天 99% 的創業者做的產品都沒有特別的壁壘。只有達成這個共識，接下來我們討論的話題才有意義。

我還常常遇到這樣一些創業者，他們是某些產品的重度消費者，甚至是某方面的專家，因為對市面上現存產品的品質不滿，所以決定自己創業做產品，他們的理想是做一個讓自己滿意的產品。

當然，在極少數領域確實會存在這種問題，但更多的真實情況是，所謂更高品質、更讓人滿意的產品，早就有人嘗試過了。不是沒有人做，而是因為其他原因，這件事行不通。比如，更高品質就意味著更高的成本，更高的成本就意味著更高的售價，更高的售價就意味著消費人群的急劇縮小，最後導致終端銷售無法

持續。不是別的廠家做不出來,其實是做出來不好賣。

　　還有更多的創業者,其實也沒想過要改造這個行業,只是覺得這個買賣不錯,自己也想做。結果一頭扎進去,把產品做出來了,卻不知道怎麼賣。

　　在人類社會發展的相當長的歷史階段,我們的物資供應一直是匱乏的,所以過去很長時期內,商業歷史更多的是生產製造發展的歷史,誰能更高效地製造出產品,誰就能獲得收入,銷售本身不是特別大的問題。在那些年代,人類要克服的困難,主要是產品創造、生產效率、跨地區運輸和貿易等問題。中世紀時期,中國瓷器開始流入歐洲,歐洲貴族和皇室震驚於這些瓷器的精美,紛紛購買和收藏。為了滿足這種跨地區的物質需求,才有了後來的大航海時代。但即使是開闢了新航路,由於運力和海運的風險,來自中國的瓷器依然供不應求。拉著一船中國瓷器順利到達歐洲,就像拉來一船黃金一樣。

　　過去的生產效率不高,運輸效率也很差,況且海運還要抵禦海盜的搶劫,所以跨地區運輸成本非常高。在《貿易打造的世界》一書中,我找到了一些數據。在中國晚清時期,如果從杭州走陸路運米到北京,每走1英里(約1.6千米),每袋米的價格就要增加3%左右;

　　杭州到北京的陸路大約1300千米,這麼算下來,米運到北

京價格就要漲 24 倍。所以古代統治者才不惜血本，開鑿了京杭大運河。古代水運的成本比陸運低得多，有碼頭的城市商業就更繁榮。所謂山養人丁水養財就是這麼來的。

但是得益於二戰之後人類社會生產效率和運輸效率的飛速提升，產品製造和全球運輸早就不是問題了。人類發明貨櫃之後，跨洋運輸價格進一步降低。今天中國企業出口的海運費用，大概只占出口商品貨值的 5%~10%，運輸成本已經不是商家主要考慮的問題了。

這是我們今天的商業面臨的問題。生產製造不是問題，問題是，怎麼賣出去？

怎麼才能把商品賣出去，這個問題有很多角度的解答。本書是講行銷的，從行銷的角度來說，銷售主要就是靠 4P[1] 中的後兩個 P：通路和推廣。（4P 的內容在《顧客價值行銷》（簡體版為《營銷筆記》）及本書後文都有詳細介紹。）

推廣，解決的是和消費者的溝通問題，即你有什麼好東西，你要讓顧客知道並瞭解。通路，解決的是商品的物流運輸、儲存、交易和交付等問題，即你有一件商品，你要讓顧客順利地買到這件商品，並且方便地交付給顧客。你推廣做得越好，顧客就

1　4P 指4P 行銷理論，即產品（product）、定價（price）、推廣（promotion）、通路（place），它們構成了行銷的四個基本策略。——原編者注

對你越熟悉，通路銷售就越簡單、越容易成交。

在銷售這件事上，老牌公司和初創公司面臨的問題是非常不同的。老牌公司面臨的是如何在現有基礎上擴張舊的通路，如何拓展新的通路，如何找到更高效的推廣方式。大多數初創公司則是懵懵懂懂，摸著石頭過河。尤其是一些莽撞的創業者，以為這事很容易，等到把產品生產出來了，卻不知道怎麼賣。這樣的創業者不在少數。

所以，在今天這個物資豐沛的時代，我給創業者最重要的提醒就是：在創業之前要想好怎麼銷售的問題。如果你不是行銷或者銷售出身，或者對行銷不甚瞭解，那最好找一個合夥人或者主管來負責銷售。尤其是在今天的中國，普通商品的供應鏈和生產早就不是什麼問題，去找個代工廠幫你把商品生產出來並不難，那如何銷售就顯得尤為重要了。

銷售涉及的事項非常多，在通路方面，你需要大量幫你工作的代理商，你的貨要能鋪到線上線下的各個平臺和零售終端。在終端，你要保證你的貨能快速大量地銷售。顧客購買後，你還要有良好的售後服務、客戶關係維護，以及促進客戶回購的手段等。對整個通路的人員進行管理，也是一個複雜的問題。飛鶴奶粉有8萬名實體銷售員，可口可樂有幾百萬個零售終端，愛瑪電動車有2萬多家線下門市，可想而知，這是一套多麼龐大和複雜

的組織體系。

當然，初創公司並沒有這麼複雜。我見過的一些新消費品公司，它們把生產和研發交給上游供應商來做，幾十個人主要負責銷售，在線上甚至能做十幾億元[2]的流水。當然這就需要極度高效的投放策略和精細化營運。這樣看起來很好，但其實絕大多數初創公司都不具備這種能力。雖然有些操作並不是那麼複雜和難以理解，但問題的關鍵在於，你不瞭解這個操作。這就是行業經驗的壁壘，這些公司都在小心地維護和屏蔽自己的這些操作技巧。

我認識一家做線上培訓的公司，他們對外宣傳時總是講自己的操作技巧，其實這些說法大多是蒙蔽同行的菸幕彈。當企業發現了一個全新且有效的推廣方式和通路，會小心地保護它不被同行發現，這本身就說明了這件事的重要性。

還有很重要的一點，大多數初創公司沒有那麼多推廣費用，也沒有現成的通路，這些都是巨大的限制。那你怎麼把商品賣出去？這是需要在創業前就想好的問題。

接下來，我會帶你一步一步瞭解關於通路和推廣的問題。

---

[2] 本書提及之價格如未特別註明即為人民幣。——編者注

PART 1
通路

筆記 1

4P是一個你中有我、我中有你的體系

這約上並沒有允許你取他的一滴血,只是寫明著「一磅肉」;所以你可以照約拿一磅肉去,可是在割肉的時候,要是流下一滴基督徒的血,你的土地財產,按照威尼斯的法律,就要全部充公。——《威尼斯商人》

我在《顧客價值行銷》中就著重介紹了4P,但是只展開講了2P,即產品和定價,讀過那本書的朋友應該很熟悉。所以作為《顧客價值行銷》的姊妹篇,我會在本書中著重把剩下的2P,也就是通路和推廣展開來講。

我們說行銷的全部活動就是由四部分(4P)構成的,但我們不能認為產品、定價、通路和推廣是截然分開的。這四個部分在概念和功能上是互相獨立的,可是在行銷實踐中,這四個部分又會互相交叉和重疊。我知道,很多讀者會這麼想,產品就是產品,定價就是定價,通路就是通路,推廣就是推廣,怎麼會有重疊呢?

乍一想，好像確實如此，其實不然。

比如你的產品上了東方甄選，董宇輝在幫你銷售，那東方甄選作為通路，就承擔了推銷和交易的功能，這是通路應有的功能；但作為一個關注度極高的直播平臺，它同時也是在推廣你的品牌。董宇輝直播之後，你還可以把這個直播影音剪輯做成短影音來宣傳自己的品牌和產品，這時候東方甄選和董宇輝又成為你品牌的一個背書，並起到了代言人的部分作用。在這裡，東方甄選既是通路，又承擔了推廣的功能。直播就是把通路功能和推廣功能合二為一了，而且今後這種情況可能會越來越多。即使是傳統的大賣場，比如沃爾瑪、大潤發、永輝超市等，賣場內的活動、特別陳列、上架、影音展示等在作為通路的同時，也具有推廣的作用。

河南許昌的胖東來超市，算是超市行業的一個商業傳奇。早些年河南當地有一個玩笑，說以胖東來超市為圓心，2000 米半徑內被稱為「超市墳場」。就是說，只要胖東來開了店，別的超市就沒有活路。2005 年胖東來進駐河南新鄉，它周圍的三家超市非死即傷，臺灣品牌丹尼斯隨即關門，世紀聯華乾脆把門市賣給了胖東來，沃爾瑪猶豫了 6 年才開業，開業 4 年就關門了。

如果是別的超市有這樣的影響力，它們的供應商可能會苦不堪言，因為這樣的超市往往會店大欺客，供應商的利潤會被壓榨

到極限,但胖東來的供應商卻避免了這樣的遭遇,中國的消費品品牌甚至都以成為胖東來的供應商為榮。為什麼呢?因為胖東來是零售行業的標竿,每天都有大量的超商零售同行來胖東來考察學習、偷師學藝。一個零售品牌要是上了胖東來的貨架,那就是在面向全國的超商同行進行廣播,所以再去開發其他零售終端就容易多了。這當然也是一種 to B(面向企業)的推廣方式。

推廣包括廣告、公關、「種草[3]」、打折、直播、試吃等。這些推廣活動都能促進銷售,但都是常規推廣方法。現在我們來看一個案例。2021 年 9 月 29 日,上海迪士尼樂園推出了玲娜貝兒這個 IP,它從未出現在迪士尼的任何一部電影中,首次出現就是在迪士尼樂園裡。因為玲娜貝兒的出現,有關它的種種內容被瘋傳,這就吸引了更多遊客去迪士尼樂園遊玩。那麼,本質上說,玲娜貝兒的設計就是一種「推廣」設計。可是,玲娜貝兒同時也是迪士尼樂園的「產品」之一。我們在盤點迪士尼樂園產品的時候,也會把玲娜貝兒列入其中。

再比如,Google 推出的 AlphaGo 是第一個戰勝圍棋世界冠軍的人工智能機器人,它引起了全球範圍內對「深度學習」算法的關注。AlphaGo 既是 Google 的一款科技產品,同時又是一個公關

---

[3] 「種草」是中國流行用語,意指商品經過別人推薦後,心裡產生想購買的欲望。——編者注

型產品,起到了推廣Google的作用。小米公司在 2016 年發布的MIX,良品率並不高,遠沒有達到量產的水平,即便如此,小米還是決定發布這款有些超前的產品,這為當年危機中的小米挽回了特別大的聲譽,在小米重振過程中起到了良好的宣傳作用。這個系列的手機既是產品的一部分,又是推廣的一部分。

我在《顧客價值行銷》中提到,包裝也是產品設計的一部分。同時,包裝在貨架上又承擔了推廣的功能。所以我們在分析產品的時候會提到包裝,我們羅列促銷手段的時候也會考慮包裝,因為產品包裝,尤其是線下貨架的產品包裝,是促使顧客下單的重要手段。

快消品(快速消費品,Fast Moving Consumer Goods,FMCG)的通路有直銷、經銷商、代理商、批發商、零售終端、即期通路、社區團購、直播帶貨、C2M(顧客對工廠,Customer-to- Manufactory)、傳統電商等多種形式,不同的通路會擁有不同的產品,不同的產品又會有不同的價格。所以有時候通路即產品,產品即價格。2022 年,我在長沙考察專業零食連鎖品牌「零食很忙」,發現國內某著名牛奶品牌在零食很忙店內銷售一種小規格鮮牛奶包裝,而這種包裝規格在其他零售通路均無銷售。為什麼呢?因為零食很忙用小包裝稱重,價格親民,如果按照其他通路的售價,零食很忙不會同意銷售,但降價銷售又

會與其他通路亂價。因為零食很忙銷量很高，估計品牌方就做了妥協，單獨推出了一款小規格的鮮奶，單獨定價，單獨銷售。這就是通路、產品、定價、推廣，你中有我、我中有你，互相影響、相輔相成的關係。

我接觸的一個客戶「有零有食」主要做冷凍乾燥水果零食，在某些零食專賣通路，通路方就要求它做更小的包裝和更低的單價，因為這些通路的客戶主要是青少年和兒童，他們手裡的零用錢不多，所以這裡的零售商品就需要低價，而且老闆也不希望顧客買了一次很久才回購，這樣商品就不能做太大的包裝。在這樣的通路，就需要設計更小的包裝和更低的價格。而像麥德龍、山姆會員店等賣場，它們就需要更大包的囤貨裝。

4P 的四個部分囊括了行銷的全部內容，它們既相互滲透又各自獨立。我在這裡說的獨立指的是概念上的獨立，而不是形態、載體或組織上的獨立。在每一項具體內容上，它們都可能會有交叉或重疊的部分。

在 4P 中，產品是一種物質層面的創造或者服務方面的設計；定價則是一種經營決策行為；通路是圍繞交易和交付而生的各種各樣的參與者，為了協調這些參與者，會涉及諸多管理和組織問題；推廣是一系列與目標人群的互動活動，包括內容設計、展示等許多環節。那產品中是不是可以有內容設計？當然可以

有，產品包裝本身就包含了內容設計。那定價或者重新定價，是不是可以形成一種推廣活動？當然可以，降價促銷本身就是推廣與定價合一了。

這有點像人體的不同系統。人體有運動系統、神經系統、消化系統、內分泌系統、循環系統等，比如消化系統中的腸胃，其實和神經系統是分不開的，運動系統也不可能離開神經系統來工作，循環系統為各個系統帶來養分、能量和氧氣……等等。實際上，你不能指著胃說，這只是一個消化器官，因為胃中還包含了循環系統中的血液、神經系統裡的神經等。這就是本篇筆記開頭我引用《威尼斯商人》臺詞的目的。

在 4P 中最容易搞混的其實是通路和推廣。有時候它們看起來確實合二為一了，比如開頭說的東方甄選。但是，它們本質上還是不一樣的。通路其實是一套組織系統，通路的構成元素是參與商品交易和交付的所有組織和個人，通路是由這些參與者構成的。

所以東方甄選這個直播帶貨平臺是你的一個終端通路。通路的核心和關鍵，是要對所有參與者進行維護、組織、監督、合作、任務分工和利益分配。這是一套組織管理體系，而且通路很多成員不是你的下屬或基層組織，你對這些通路並沒有管理權力，你只能協調和維護。

而推廣是為了促進商品成交而做的所有決策和行動,比如做漱口水,你在大潤發參與了加一元換購,這就是一種推廣活動,大潤發則是你的終端通路。

通路指的是人、企業、組織、機構,推廣指的是一系列行動,包括打折、陳列、廣告、直播、發傳單等等。

很少有人在這件事上這麼計較,不過我感覺我把這件事說明白了。

筆記 2

通路能力幾乎決定了創業公司的生死

世界上沒有幾家公司能經營好可口可樂,因為管理可口可樂的通路實在太難了。

1921 年,香奈兒品牌創始人嘉柏麗‧香奈兒女士想要推出一款自己品牌的香水。當時的調香師調製了很多種香水給她,在進行盲測時,每一種香水都是用一個數字標號的,然後請香奈兒女士來挑選。你可能猜中了,香奈兒當時選擇的標號就是 5 號,這就是後來大名鼎鼎的香奈兒 5 號香水,隨後這款香水持續風靡全球至今。

不過,當初的香奈兒 5 號香水可不像現在這麼有名,銷售的問題很難解決。香奈兒為了銷售 5 號香水,就與當時的香水商人皮埃爾‧維德摩爾一起成立了香奈兒香水公司,這家香水公司的股東還包括巴黎著名的百貨店老佛爺的創始人泰奧菲勒‧巴德。

不過讓人驚訝的是,香奈兒女士本人只擁有這家香水公司 10%的股份,維德摩爾則擁有 70% 的股份,巴德擁有 20% 的股

份。這看起來是不是很不合理？畢竟創造香奈兒 5 號香水的人是香奈兒女士。

其實，這也不奇怪，因為香奈兒只有產品，沒有掌握銷售通路。在當時的情況下，你只要擁有銷售通路，就可以將香水銷售出去。所以你看，占有香奈兒香水公司最多股份的其實不是創始人，而是兩個重要的通路商，一個是香水商人，他可以叫作香水的代理商；一個是著名百貨店老佛爺的創始人，代表了香水的終端銷售通路。這就是行銷通路的典型代表。直到今天，維德摩爾家族依然控制著香奈兒香水公司。

過去來找我們的許多客戶都是帶著「好產品」過來的，他們希望透過我們的行銷諮詢能讓好產品大賣。比如我曾經的一個客戶，他們在雲南有一個很大的三七種植基地，產品非常好，是雲南白藥等大型企業的原料供應商。他們想做一個面對消費者直接銷售的三七產品，請我們做行銷諮詢。

這家企業既沒有任何 to C（面對消費者）的銷售經驗，也沒有雇用相關的銷售人才，他們的優勢和經驗都在種植、栽培和生產方面。但在今天這個產品過剩的時代，即使產品品質很好，也是很難銷售的。

對於這一類企業，我通常給出的建議就是香奈兒女士當年在做香奈兒香水的時候的做法：找到一個本身有通路或者有通路能

力的合作夥伴，成立合夥公司，你負責產品研發、設計和生產，對方負責通路和銷售。從成功率來說，這是最可行的一種方法；退而求其次，是找到一個擁有通路和銷售經驗的人或者團隊加入公司，讓他（們）直接負責組建公司的銷售和行銷部門。儘管後來香奈兒女士很後悔自己沒有擁有香奈兒香水公司的控制權，但就當時的情況來說，這是讓香奈兒香水走向市場並且成功的最可行的方法。

　　創始人可能會表示這麼做有困難，但我通常會說，有困難是正常的，沒有困難才是不正常的，否則憑什麼是你成功，而不是別人呢？如果你覺得開拓銷售通路很難，那就不如回去好好做產品，走 to B 的商業模式。

　　如果一個人想創業做一家公司，除了產品，優先考慮的就應該是通路，因為通路能力幾乎決定了創業公司的生死。不管是傳統的線下通路還是快速發展的線上通路，可以這麼說，只要精通其中一種通路的操作營運方式，讓公司生存下來還是沒問題的。至於再大的發展，那就是公司日後如何培育核心競爭力的戰略問題了。

　　2021 年夏天，我去廣東太古可口可樂有限公司粵東營運中心拜訪，跟該中心的市場銷售總監潘利華交流。我們講到可口可樂的成功祕訣，潘利華表達了如下觀點。

銷售真相

都說可口可樂是品牌打造的典範,這一點可能也沒錯,但這會給人一個錯覺,覺得像可口可樂這種公司只要品牌好就可以了。其實,如果有誰覺得拿到可口可樂的品牌就可以經營下去並發大財,那就有點幼稚了。可口可樂如果沒有龐大而有效的組織機構,尤其是像毛細血管一樣的線下銷售網點(可口可樂在中國有超過 500 萬個銷售網點、超過 5 萬的業務人員,也就是說,在中國均不到 300 人就擁有一個可口可樂的銷售網點),是不可能實現今天的業績的。從這個角度看,幾乎沒有幾家企業具有這種組織機構和組織能力。如果有公司拿到了可口可樂的經營權,它在頭幾年也許會賺錢,但是如果它的通路組織能力很弱,那麼它在幾年後很可能會把這個品牌搞砸了。就線下銷售通路和銷售組織的管理而言,可口可樂可以說是無可匹敵的。

線下通路不僅僅是鋪貨點數量的問題,還要具備讓線下銷售點銷售的能力。今天大部分超商進貨,一般只有 3~6 個月的銷售觀察期,如果你的品牌鋪貨進了超市,卻在 3 個月內沒有什麼銷售動能,那就會面臨下架的問題。過去的銷售動能是透過大量的廣告或者優惠活動來做,但今天廣告的效果已經式微,也就意味著「終端即銷售」的時代過去了。

飛鶴也具有異常強大的通路管理能力。它每年要在全國各地的線下通路做 100 萬場活動，正是海量的線下活動和強大的組織能力，才構成了飛鶴強大的通路能力。

線下通路很難組織，因為你要在 960 萬平方千米的土地上鋪設你的銷售網點，單是地理空間上的分布就讓人頭疼。而線上通路的能力似乎更好學一些。其實，真正把線上通路用好，也會是一種強大的競爭壁壘。我們的客戶中科德馬克（DUMIK）早期主要做不沾鍋，它就具有非常強大的線上通路營運能力。當時我們服務這個客戶的時候，天貓排名前十名的不沾鍋店鋪，這家公司擁有四個（使用了四個不同的名稱）。2020 年，中科德馬克進入保溫杯領域，用半年時間就將一個全新的保溫杯品牌做到天貓前五名。

這個客戶很低調，它在廚房器具領域的發展速度和銷售額遠比大部分新消費品牌都強，但它從來沒有融過資。這種強大的通路營運能力讓一個公司短短幾年就可以做到 10 億元以上的規模，而且每年以 30%~50% 的速度遞增。

在這個自媒體洪流滾滾的時代，不管是透過知乎、微信、抖音、小紅書還是其他社交平臺，一個博主只要擁有 1000 個忠實粉絲，就相當於掌握了一個堅實的溝通用戶的通路，他就可以透過這個通路銷售自己的產品或者代理一些品牌的銷售。好一點的

可以小康無憂，即使差一點，也能透過知識或者商品銷售變現補貼自己的生活，而擁有更多粉絲的博主，就構成了一個獨立的強勢行銷通路。一個一個的個人聯絡者如果能夠集合起來，就會成為當今行銷通路的顛覆性模式。安麗的直銷模式其實就是透過個人關係形成一個個行銷通路的終端，只是這個方式在過去的條件下效率不夠高。社交網路就為這種行銷通路提升效率提供了可能，讓一個人開發顧客、聯繫顧客的效率極大提升，這其實就是今天的私域通路和KOL（關鍵意見領袖）、KOC（關鍵意見消費者），對應的商業模型就是微商、社區團購、自媒體電商、直播等。如果說淘寶、京東是將過去的線下賣場搬到了線上，私域、社區團購、直播則是把過去走街串巷、個人代理、集市上的吆喝等方式搬到了線上，而且效率提升了十倍、百倍甚至千倍、萬倍。

2022年我聽到的業內消息是，傳統電商的流量基本見頂甚至向下滑落。這些流量被拼多多、社區團購、抖音和快手的直播、小紅書等接替和擴展。行銷中的通路變化越來越快，一旦動手慢了，一個品牌，尤其是新消費品牌就會流量見頂。

2021年年中，我跟我們的客戶隅田川交流，他們的掛耳咖啡在抖音的自播銷售，一天的銷售流水已經達到10萬元。後來他們請肖戰做代言，官宣當天，提前準備的10萬份現貨、售價

筆記 2　通路能力幾乎決定了創業公司的生死

188 元的肖戰咖啡禮盒在一小時內就銷售一空。這讓我重新思考，過去的很多經驗是不是還有用。今天的明星代言已經成為一種變相的行銷通路了，只不過它的交付還是在電商和實體通路，那如果明星開一個專門代言的電商商店，它不就是一個巨大的通路嗎？

當然我不是說線下通路就不重要了，線下通路依然非常重要，而且今天看，那些所謂的新消費品牌在線下通路中勝出的機率並不大。

對某些品類來說，線下通路依然是決勝之地，比如瓶裝飲料。因為飲料的貨值低、易碎、重量大、運輸費用高，所以電商一直就不是飲料的理想銷售通路，飲料的銷售主要還是在線下。

所以今天的品牌要想勝出，通路的建設和競爭至關重要。不僅僅是你有沒有通路能力的問題，還是你能不能快速適應新通路的問題。如果你沒有通路能力，那事情根本就不可能開始。比如那些具有代加工能力的廠商想做面向消費者的品牌，如果沒有快速適應通路的能力，很可能會死在半路上。比如從淘寶到微商、自媒體、直播、社區團購的演化，每一次新核心通路的出現，一路上都是舊電商品牌的「屍骨」。

從工業革命開始，英國用幾百萬產業工人就成為日不落帝國，這個情況早就預示了工業革命後的產能過剩問題。當然，今

天這個時代,除了極少數產品,幾乎所有的產能都是過剩的。當生產不是問題,銷售就是問題了。如果你不具備極強的通路能力,只有一個好產品是不夠的,況且你所謂的好產品,通常也不是不可替代的。

如果你正在準備創業,或者你的企業想轉型,請一定要想好未來的通路如何解決,否則,創業和轉型就只會是一個空想。

如果你今天創造了香奈兒 5 號香水,那麼請想一想,你的老佛爺百貨在哪裡?

筆記 3

通路創新本身也是商業創新的一種

　　好通路像黃金一樣，是一種稀缺資源，誰掌握了金礦的秘密，誰就擁有了最大的財富，這是一個通路淘金的時代。

　　什麼是通路？2015 版的《大辭海・經濟卷》對行銷通路的定義如下：行銷學上指由一些獨立經營而又互相依賴的組織組成的分銷鏈，引申為商品銷售路線和流通路線。一般是將廠家的商品透過一定的社會網路或代理商賣向不同的區域，以達到銷售的目的。傳統分銷通路包括批發商、代理商和零售商，新型分銷通路包括連鎖經營、網上銷售等。

　　《辭海》（網路版）關於行銷通路的定義，更多地講了通路承擔的細分功能：幫助產品或服務從生產者轉至消費者並被使用或者消費的一系列相互依賴的組織。通路常常被視為製造商的關鍵性資產，承擔著降低顧客搜尋成本、分揀商品、使交易常規化、減少生產者與消費者接觸次數從而降低交易成本的作用。行銷通路分為直接通路和間接通路兩種。

銷售真相

現在我通俗地闡釋一下這個定義：一個品牌要為顧客提供商品或者服務，就需要透過交易把這些商品和服務賣出去，並且交付給客戶或者為客戶服務，這就需要許多組織或者個人參與完成這個過程，通路就是這個過程中所有的參與者。

完整的通路包含了商品的流通路線和銷售路線，比如順豐包郵，順豐就是通路流通路線中的一個參與者。但是，大家在討論通路的時候，往往更注重銷售路線，因為流通路線更容易搞定，銷售則更難。因此我們在本書中討論通路，也將重點放在銷售路線上。

當然從廣義上來說，商品有實物商品和服務兩種，企業提供的服務也需要通路來進行銷售和交付。酒店提供的是一種住宿服務，服務的交付都是發生在酒店裡，但酒店通常會透過旅行應用、本地生活應用、旅行社來推廣，那麼旅行社或者旅行應用就是酒店的代理商，也就是酒店的通路之一。再比如，帆書（原樊登讀書）透過授權的銷售代理商來銷售它的會員服務，混沌學園在全國有許多城市分會，這些都是服務類的通路體系。對今天的應用程序來說，App Store（蘋果應用商店）和華為應用市場就是它們的通路，各種 KOL、內容體系的推廣也是它們的通路。

我們以可口可樂為例。可口可樂總部在美國的亞特蘭大。1978 年 12 月，中美雙方發表《中美建交公報》。1979 年 1 月 2

日,可口可樂就與中糧集團簽署了合約,獲准在中國建設瓶裝廠,並在中國銷售可口可樂。

今天的可口可樂在中國市場有兩家特許經營商,一家是中糧可口可樂,一家是太古可口可樂。在銷售區域上,太古可口可樂負責長江以南地區,中糧負責長江以北地區(這是個大概劃分,實際執行中有過多次調整)。可口可樂在美國和世界各地生產它擁有專利配方的濃縮糖漿(包括其他飲料,如雪碧)。中糧和太古負責在中國地區的罐裝以及各個省份的銷售。中糧集團和太古集團就相當於可口可樂在中國的特許經營商。雖然中糧集團和太古集團在國內也有強大的行銷體系,但它們同樣需要一些經銷商和代理商來負責不同層級的銷售。

在全國市場上,你既可以在小雜貨店、加油站買到可口可樂,也可以在 7-11、全家這種便利店以及大潤發這樣的大型超市買到;你既可以在 KTV、酒吧、夜店、餐廳、自動售賣機買到可口可樂,也可以從美團外帶、天貓超市、直播間等線上通路購買到可口可樂;不管你回到老家的小鄉村,還是在城市的地鐵站,你幾乎都可以隨時買到可口可樂。

這就是通路的力量。

當然,不同的商品有不同的通路。比如中國移動,早年儲值話費,需要到一個移動營業廳或代理點去買一張儲值卡,然後自

己儲值，儲值卡就是一種交易和交付通路；後來在淘寶買一個儲值密碼也可以直接儲值了；現在你在支付寶或者微信就可以直接給手機儲值。我們可以看到，中國移動產品的行銷通路一直在變化。

當一個產品的行銷通路變了，顧客的交易方式和需求有可能會產生巨大的變化。在這種情況下，企業需要對產品進行創新改造或者重新設計，以應對通路的變化。你如果能隨著通路的變化進行產品創新，它就有可能給你帶來巨大的早期紅利，或者讓你避免公司業務的停滯或者失敗。

在以物易物的原始社會，通路很簡單，因為物品和物品是直接交換的，當兩個物品交換完成，產品就分別從兩個不同的生產者轉移到了兩個不同的需求者手中。交易和轉移是同時發生的。對交易者來說，最麻煩的事情其實是找到對應的需求者。我們無從得知當時的人是如何獲取各自的需求訊息的，但這種獲取別人需求訊息並直接交易的過程，也是通路功能的一部分。貨幣產生之後，社會生產進一步分工，比如有人專門做絲綢，他就成立了一個絲綢作坊，這個絲綢作坊早期可能是前店後廠的模式。絲綢生產出來，就直接在前面店鋪裡賣，那就相當於自己的專賣店。這種情況下，絲綢店要處在一個比較好的位置，才能方便顧客購買。由於是顧客自己來購買，不需要運輸和交付系統，通路相對

筆記 3　通路創新本身也是商業創新的一種

簡單。如果這個絲綢作坊越做越大，自己的店面已經無法銷售這麼多絲綢了，老闆可能會雇更多的夥計走街串巷去銷售，也可能在別的地方買一些店鋪作為絲綢專賣店，或者在各地跟人合作，請當地人或者當地的絲綢棉布店代理銷售他家的絲綢。這就是上門推銷、直營專賣和代理銷售的雛形。在這個過程中，不僅產生了銷售行為，還產生了物流系統。因為絲綢是在某一個地方生產的，但銷售並不局限在這一個地方，要想讓消費者拿到絲綢，生產者就必須透過運輸把絲綢交付到消費者手中。物流也是行銷通路的一部分。

在古代，由於運輸相當困難，所以物流系統是通路的關鍵。東方的瓷器運到西方，南方的絲綢運到北方，中國的茶葉運到歐洲，等等，只要能運過去，銷售不是問題，因為這些東西在當地都是稀缺的。所以古代的物流系統是稀缺的通路能力。

現代運輸系統發展起來之後，貨物的運輸就不是特別大的問題了，但「最後一公里」的問題不好解決，商品還不能直接送到顧客家中，分銷和經銷就是那時的主流通路。在中國，這個時代從計劃經濟時各地的百貨大樓、供銷社（中華全國供銷合作總社）到改革開放之後的購物中心以及大型連鎖超市，其典型特徵就是網點集中銷售，顧客上門購買。在物資短缺時代，核心是生產而不是銷售；改革開放之後，商品逐漸豐富，生產就不再是

銷售真相

重點,通路變成了關鍵,因為通路具有強大的銷售能力,所以在 1990—2010 年的 20 年間,商場、專業通路和大型超市就是重要且典型的通路。曾經有一段時間,家樂福、沃爾瑪、蘇寧、國美、紅星美凱龍等重要通路對生產商具有壓倒性的話語權,進入這些通路不僅要有高額的銷售提成,還要有各種鋪貨費用。

電商通路和快遞系統的發展相輔相成,電商形成了新的銷售購買形式,快遞為商品的交付提供了支持,即使餐飲這種及時性要求極強的商品,如今也可以透過外帶系統進行交付。當然,外帶不僅僅解決了銷售問題,同時還解決了交付問題。

在過去,生產商和品牌方其實是一體的,因為過去是生產導向的商業社會。隨著物資豐沛時代的到來,生產早就不是問題,如何銷售成了最大的問題。這時候生產資源就不稀缺了,稀缺的是銷售通路。所以許多品牌方自己就不做生產了,反倒是越來越多地與通路勾連和聯絡。比如蘋果手機就是由富士康代工,蘋果主要負責更重要的研發和銷售,遍布全球的蘋果專賣店就成為蘋果重要的銷售通路。小米手機也是如此,小米的核心能力在研發和銷售通路上,從銷售額來說,小米商城是全球排名前十的電商通路。[4]

---

[4] 〈全球品牌直營電商大排名:苹果第一小米第二〉(科技貝https://www.sohu.com/a/111663627_383190)

筆記3　通路創新本身也是商業創新的一種

今後，對絕大部分品牌商來說，發愁的可能不是生產，而是銷售。而銷售極重要的一環，就是通路（傳播也很重要，我後面會講）。實際上，國內市場化早期的快消品，比如零食、小吃、飲料、洗護清潔用品等，只要能鋪貨到終端銷售網點，銷售問題幾乎就解決了80%，所以當時業內有句話叫作終端即動銷（銷售動能）。但今天的情況已經發生了很大改變，即使鋪貨到線下終端銷售網點也未必會有動銷，而不動銷的商品在過了銷售測試期後就再也沒機會出現在同一終端了。現在許多做線下銷售的品牌，陷入了一個談判鋪貨→商品不動銷→終端退貨→繼續鋪貨的死循環之中，可謂狗熊掰棒子，掰一個丟一個。這也是目前絕大部分新品牌做線下通路的困局。

在目前的行銷環境下，新品牌透過電商起盤很容易，這給許多沒有大量線下資源和組織能力的新品牌起勢的機會。如果某個品類特別適合電商銷售，那只要在電商深耕就可以了，比如做不沾鍋的中科德馬克，以及近幾年風生水起的辦公椅品牌黑白調。但是有些消費品牌，比如飲料、白酒等，電商銷售的天花板很低，所以在做到一定程度之後，就必須轉到線下銷售，這時線下通路的建設就是阻攔新消費品牌的一座繞不過去的大山。

綜上所述，行銷通路承擔幾種重要功能。

第一，銷售和交易功能。這是行銷通路承擔的最重要功能。通路雖然也承擔運輸、儲存等事項，但通路一定是商品和顧客發生交易的地方。

第二，傳播推廣功能。比如線下門市，門市本身就是傳播媒介。線上通路有時候會同時承擔傳播和銷售的功能。比如羅永浩的直播既是傳播通路，又是銷售通路。其他如公眾號文章、抖音的自播、小紅書的筆記等，都具有傳播銷售二合一的特點。

第三，物流交付功能。行銷通路承擔把商品從生產商向顧客轉移的功能，在交易發生之前主要是與品牌方有關的供應鏈和物流配送體系，在交易發生之後，還有順豐、美團外帶等交付體系。像家電、家居的品牌商，還需要上門送貨和安裝這些附屬服務，有時候是自己建設組織，有時候是與其他企業合作。

第四，服務功能。有些通路要為顧客提供各種服務，比如飛鶴奶粉的通路就開展了育嬰教育等許多活動。再比如家具和家電的安裝維修服務就比較重要，通常這些家電品牌會與當地的維修服務商合作，由當地的服務商代為提供服務。

行銷通路還有其他如存儲、融資、談判、管理等多種功能。菲利普・科特勒最新版《行銷5.0》中列舉的行銷通路成員

執行的重要功能包括如下：

- 收集行銷環境中有關潛在顧客和現有顧客、競爭者和其他參與者及其力量的訊息。
- 開發並推廣具有說服力的溝通方式，以刺激購買並培養品牌忠誠度。
- 就價格和其他條款進行談判並達成協議，以實現所有權或占有權的轉移。
- 向製造商下訂單。
- 獲取向行銷通路中不同層次的存貨提供融資服務的基金。
- 承擔開展通路有關工作所涉及的風險。
- 為買方提供融資，並促進付款。
- 協助買方透過銀行和其他金融機構支付其帳單。
- 監督所有權從一個組織或個人向另一個組織或個人的轉移。所有的通路功能都有三個特點：它們使用稀缺資源；這些功能通常可以透過專業化來更好地發揮作用；各類功能可以在通路成員之間相互轉換。

近幾年的各種新消費品牌，大部分都是隨著新通路的出現並且獲得了新通路的紅利發展起來的。早年的韓都衣舍、三隻松

鼠,是淘寶這種新通路造就的,西貝蓧面村、雲海肴、綠茶等都是得到了大型購物中心的紅利,完美日記、花西子這些新品牌,則是享受到了社交媒體和小紅書等的通路紅利。

通路創新,本身也是商業創新的一部分。通路的重要性,怎麼說都不過分。

筆記 4

通路組織的難度

通路就像熱帶雨林的動植物,互相依靠,又互相競爭,盤根錯節,相輔相成,構成了一個複雜豐富的生態系統。所有的植物,競爭的都是更多的陽光;所有的動物,競爭的都是更多的熱量;而所有的通路,競爭的都是更多的利益。能管理好通路的企業,都有大智慧。

4P 是整個行銷的基礎框架,但通路在 4P 中是很獨特、很複雜的一部分。

產品、定價、推廣這幾個部分,主要是企業和品牌方主導的,它們是主要的實施者,它們可以自己進行產品研發、自主定價、自主設計推廣計劃。而通路是企業內外部組織的聯合體,很多經銷商、代理商並非獨家代理,它們分散成無數個組織,企業對它們的管控程度有強有弱,甚至很多通路會強到能反制企業。

首先,通路非常複雜,管理難度很大。

通路組織是鬆散的,並不受一家公司統一管理,它具有外部

組織的特性，企業通常很難控制。

在中國的商業發展史上，雷士照明曾經上演過一場分家大戲，大戰中三個聯合創始人各有底牌，不過最後贏得勝利的是受到經銷商支持的吳長江。

雷士照明由三個合夥人創辦，吳長江是發起人，胡永宏、杜剛是聯合創始人。他們三個是高中同學，吳長江當時在班上是團支書[5]，胡永宏是班長。1992年，吳長江從一家軍工企業辭職，南下廣東打工，當時就在一家燈飾企業上班。後來吳長江開始對照明行業產生興趣，於是和兩位老同學共同出資100萬元在廣東惠州成立了雷士照明，吳長江出資45萬元，胡、杜各出資27.5萬元。

後來雷士照明大發展，成為中國照明行業的明星企業，但是三個合夥人的矛盾卻不斷激化，後來三人決定分家。最初商定的結果是，吳長江退出雷士照明，企業估值按2.4億元算，吳拿走8000萬元，吳原有股權歸其他兩位股東。

但三天后，吳長江稱擔心自己離開後經銷商隊伍發生混亂，要開一個經銷商維穩大會。

結果經銷商維穩大會開成了「造反」大會。從全國各地趕來

---

[5] 在中國，大學生團支書是一個班級團組織的領導者。——編者注

的雷士照明經銷商聚集在惠州雷士照明總部，對雷士照明股東分家事件提出異議。吳長江當時負責雷士照明的通路經營，是全體經銷商的領導者，這些經銷商認人不認企業。最終，當著全體供應商和雷士照明中高層幹部的面，200多名經銷商舉手表決，全票透過吳長江留下。經銷商是雷士照明銷售的命脈，企業只生產，賣不出去，相當於斷了大半條命，重新整合經銷商難度極大。維穩大會第二天，吳長江與胡、杜二人談判，結果胡永宏和杜剛各自拿8000萬元離開雷士照明，吳長江重掌雷士照明。[6]

這一經銷商投票決定上游公司命運的事件，成為中國現代商業史上的一個傳奇，也說明了通路在企業經營中的重要性。

我們再舉一個例子。

通常，做得不錯的零食飲料品牌都是線下管理能力很強的。那些沒有線下管理經驗的新消費品牌，在鋪設通路時就會產生大量浪費。比如某新消費品牌做冰品或者飲料，為了讓自己的貨鋪下去，送線下終端零售店冰箱或者冰櫃，企圖讓自己在終端零售中占優勢陳列，或者搶占點位，但他們並沒有考慮過冰箱或冰櫃的管理難度。

---

6 〈雷士談判會現場：經銷商要求吳長回歸〉
（每經網https://www.nbd.com.cn/articles/2012-07-12/666676.html）

很多終端零售店都是夫妻店[7]，還有各種複雜的終端，比如辦公大樓的自動販賣機可能就歸物業管理。有些品牌為了儘快把冰箱鋪下去，在與每個小店的談判中做出了大幅度妥協，比如不收押金。這樣店老闆很可能就把冰箱搬到自己家裡去了，甚至直接賣了。因為沒有收押金，如果店主亂來，你到最後也沒辦法。

我有一次出差到浙江一個縣級城市的高鐵站，高鐵站的一個便利商店內有一台某網紅品牌的雪糕冰箱，但是裡面賣的雪糕都是其他牌子的，自己品牌的雪糕卻一根都沒有。也許是銷售不好，這裡賣不動，

也許是店主自作主張賣別的產品，但最終都反映了終端管理的問題。再比如商品的即期管理。很多零食飲料類商品，保鮮期一到，終端通路就會要求供應商自己處理剩餘商品，而且因為銷售乏力，終端可能就會停止再進貨。

如果一個品牌有 100 萬個銷售點，假設 10% 的網點產品過期，那它就要負責這 10 萬個網點的過期商品處理。比如回收飲料時，要花錢請專門的污水處理公司來處理，回收商品本身要花錢，處理這些商品還要花錢，商品一旦賣不出去，品牌方虧損會很大。而且，過期商品的數量，很多時候都要靠終端業務員或者

7　夫妻兩人經營，不僅用店員的小商店。（引用自教育部重編辭典修訂本）——編者注

通路方自己統計上報,然後品牌方發放處理費用。一些沒有經驗或者管理不善的企業,實際上明明報廢了 100 萬瓶,各個銷售點報過來的卻有可能達到 150 萬瓶。這些虛報行為,都是終端人員撈好處的方式。

組織高效、管理良好的品牌方,比如可口可樂,可以把這種損耗降低到 1% 以內,但是管理不善的企業或者沒有經驗的新消費品牌,這種損耗會相當驚人。

從這幾個小事你們可以體會到通路的管理難度。

通路很重要,但是通路往往又不掌握在自己手中,所以大部分企業處理通路問題都是一個動態博弈過程。有些企業會選擇自建通路,但自建通路不僅複雜且艱巨,也很難覆蓋所有網點,頂多是自有通路結合外部通路的做法,只是不會完全受到外部通路的控制罷了。

其次,通路內部利益與矛盾衝突嚴重。

公司內部各個部門之間會有利益衝突,但是通路各個組織間的衝突通常會嚴重得多。由於通路體系由多方參與者組成,各參與者的利益並不一致,這導致通路管理和組織的難度非常大。

通路在流通路線上,有物流、倉儲、快遞、安裝、售後服務等多個環節,每個環節都有可能是不同的供應商和參與者。通路在銷售路線上,有加盟商、代理商、經銷商、零售商、平臺、促

銷員、推廣機構、金融機構等多個參與者。

這種多方參與的體系，讓通路管理和營運變得更加複雜。不同地區的代理商之間就有競爭關係，通路成員與企業、上下級經銷商、經銷商與零售終端、終端與現場銷售人員之間都有博弈，都存在利益的競爭關係。

同時，由於優質通路具有稀缺性，不同公司之間就會存在激烈的競爭。比如大部分城市中頂流的商場，位置就是稀缺的，如果它在餐飲招商中需要一家烤魚店，當第一個烤魚品牌入駐之後，第二個烤魚品牌就很難入駐了。這就導致品牌與品牌之間會產生激烈的通路競爭。至今，某些帶有聯盟性質的餐飲行業，還會對開在自家門市附近的同行進行打擊報復。

品牌方管理好通路的關鍵點，就是在每一個層級、每一個通路參與者之間做好利益分配，做好行為規範的管理，並且要維持自己的主動性和談判籌碼，這樣才能管好這麼多通路參與方。

我曾經拜訪過國內一個知名的休閒零食品牌甲，它的代理商乙跟它簽訂了在某電商平臺丙的代理業務，主要代理它的某高端產品。但由於協議有漏洞，結果導致乙與丙合謀做出了損害甲的行為。

事情是這樣的。甲授權乙代理它在某電商平臺丙的銷售。甲

對乙的考核指標是,只要乙以出廠價在丙的銷售額達到標準,乙就可以獲得代理收入,但沒有約定在丙的銷售價格。丙為了沖GMV(商業交易總額),就刻意打折銷售,但是打折銷售造成的虧損要由甲方來承擔。在這裡,乙和丙的利益是一體的,它們在這個通路鏈條中都不承擔虧損,甲方看似在電商平臺銷售了很多產品,但這個銷售是靠虧損實現的。但根據合同,在每個環節上的參與者都沒有違反約定,這就讓甲方吃了大虧。後來甲方發現了這個漏洞,才開始修改經銷規則。

最後,通路中品牌方通常處於弱勢。

外部通路通常是強勢的,是企業最難控制的行銷環節。

通路直接帶來銷售,尤其是強勢通路,而且這些強勢通路通常不是企業能控制的,甚至很多通路強大之後,會推出自有品牌參與競爭。強勢通路通常還會要求品牌方配合自己的行銷活動進行打折、買贈等活動,品牌方在這些通路的挾持下,也是煩惱不斷。強勢通路對銷售的商品會極力盤剝利潤,比如蘋果商店就對App Store 的所有應用徵收 30% 的上架抽成。今天的直播達人、大賣場、連鎖便利店,都會收取不同的上架費、入場費或展位費等。

只有極少數品牌力極強的品牌面對通路時有話語權,比如茅

台、蘋果、愛馬仕等。鑒於在高端白酒中的強勢地位，茅台一直供不應求，而茅台這種醬酒，基本的酒體就需要 5 年時間才會生產出來，還需要大量陳年基酒調配，產量不可能在幾年之內快速提升。茅台一直對零售終端有零售指導價，2021 年飛天茅台的零售指導價是 1499 元[8]，給經銷商的出廠價是 969 元，但實際上零售的飛天茅台最近幾年一直在2500 元到 3000 元左右。

因為通路有很多外部參與者，茅台也難以掌控。受利益驅使，經銷商會想盡各種辦法逃避監管。比如零售的菸酒店想從經銷商那裡拿茅台，經銷商會按照茅台規定的價格給它們，但是會有附加條件，比如你買一箱茅台，必須買我自己開發的兩箱白酒才行，否則不賣。

當然茅台屬特例，大部分品牌在通路面前是沒有多少話語權的。

2000 年年初，江西南昌百貨大樓在當地是響噹噹的零售企業，是地方商界的龍頭，在各個品牌方面前都非常強勢。2001 年 5 月下旬，南昌百貨大樓新建的城東分店開始招商，除要求供貨商繳納約定的各種費用以外，還要求各供貨商每月繳納促銷人員管理費 450 元，導致幾十個品牌聯合抵制，威脅要退出南昌百貨大樓。

8　本書所提之幣值均為人民幣，若有其他幣值會特別註明。——編者注

這件事最後由當地工商部門介入才得以平息，但也顯示了通路的外部特性和管理複雜程度，以及品牌方所處的通路普遍強勢的環境。[9]

我在《顧客價值行銷》中說過，定價是企業最難做的決策，因為價格對銷售的影響很大，很難準確決策。通路則是企業最難管理和維護的一部分，因為通路這個體系極為複雜。可以說，世界上沒有任何一種通路方式是完美的，都是在不斷糾正問題、修復關係、維護穩定中前進和發展的。不同的通路模式，也會在不同企業、不同階段中發揮各自的作用，而不是普遍適用的、任何時候都可行的方式。

只有真正有經驗的企業，經歷過多次通路變革的企業，經歷過各種通路鬥爭的企業，才會在通路管理中游刃有餘，因為經驗是很難被能力完全取代的。不過提前明白管理通路的難度，有助於企業在通路管理上避免重大的錯誤。

---

[9] 主要內容摘自莊貴軍的《行銷通路管理》第 3 版，北京大學出版社，2018 年。

筆記 5

通路管理的本質
就是不斷提升整個通路的組織效率

商業的本質只有兩個：成本和效率。

直播銷售，今天大家已經覺得很正常了。直播銷售分兩種，一種是透過各個達人主播的直播進行銷售，簡稱達播；另一種是品牌商家自己直播銷售，簡稱店播。我在 2021 年的時候跟我們的客戶隅田川做過交流，當時他們正嘗試在抖音做店播銷售。

我也在自己的抖音帳號上帶過貨，雖然就是「打醬油」的想法，其實一個月也能拿幾千元的分銷佣金。我在影音號「小馬宋」的直播，當時連麥綻妍品牌的市場總監，順道賣賣綻妍的防曬霜，居然也有 2 萬多元的銷量。

早期的品牌商要管理的通路其實很「長」，廠商下面通常有區域代理，區域代理又可能會分省代、市代幾個層級，再下面就是真正的零售終端。後來這個通路鏈變得越來越短，今天的品牌商已經很少有多層代理了，甚至跨國經銷商直接跟零售終端做交

筆記 5　通路管理的本質就是不斷提升整個通路的組織效率

易。

　　實際上,商品每多一個代理層級,就會被剝去一層利潤,最後到零售終端的時候,加價率就很高。但如果沒有中間經銷商,品牌直接聯絡零售通路,或者自己就成為零售通路,管理難度又很大,組織過於龐大,效率未必就高。所以通路管理,本質上就是不斷提升整個通路組織效率、儘量減少通路層級的過程,從而不斷降低自己的成本,給消費者更多的實惠,這樣產品的價格才更有競爭力。

　　傳統的通路組織,由於地理距離和組織能力問題,會有一個能力極限,無法把所有的中間通路全部去掉。但網際網路改變了這個狀況,今天有許多品牌直接面向消費者銷售,去掉了代理商、分銷商、經銷商和零售終端,把這部分利益返還給消費者,這樣的結果就是通路組織越來越短,加價率越來越低。

　　當然也不是說所有品牌都有能力直接銷售自己的產品,畢竟每個平臺都在競爭流量,做直播銷售其實也是需要花錢買流量的。你在沃爾瑪交了上架費,其實就是購買了沃爾瑪的所有顧客流量,而你在抖音花錢,也是購買了抖音用戶到你直播間的流量。至於哪個流量費用花起來更值得,那就要看具體情況了。

　　在極致優化通路方面,線下的通路品牌正在不斷調整商業模式,近幾年走出了許多優秀企業。

銷售真相

逮蝦記是做蝦滑（漿）的，主要是向火鍋餐飲品牌供應蝦漿原材料。過去蝦滑原材料的銷售通路，是透過各地經銷商與當地的餐飲品牌談判和交易，後來逮蝦記去掉了經銷商這個環節，組織了一個「業務特戰隊」，到各地與當地餐飲商家接觸，由逮蝦記直接供貨給餐飲商家，訂一包蝦漿就能冷鏈[10]發貨。去掉了中間商，逮蝦記獲得了極大的成本優勢，又因為逮蝦記是鍋圈食匯投資的公司，它可以使用鍋圈食匯的物流體系，配送不成問題，所以逮蝦記得以在兩三年的時間內快速成長為國內頭部的蝦滑供應商。

長沙的新佳宜連鎖便利商店成立於 2007 年，早年做了數百家超市門市，但經營狀況不是很好。後來它調整業務，合併了許多品牌的通路業務和參與者，自己扎扎實實做起了物流和倉儲，尤其是冷鏈的物流和倉儲。因為具有冷鏈優勢，所以新佳宜在鮮奶和鮮食這一領域就有強大的競爭能力。

對大部分鮮奶品牌來說，新佳宜既是零售終端，又承擔了代理商的功能，還具備冷鏈倉儲配送的能力，把鮮奶品牌商過去的物流公司、代理商、零售終端三方參與者整合成了一個，同時也

10　控制溫度的供應鏈。──編者注

獨享了三方參與者的利益,所以它的鮮奶在價格上就極具競爭力。目前,新佳宜已經開出了 1200 多家便利商店。

同樣誕生於長沙的零食零售品牌零食很忙,也有類似的故事。零食很忙創始於 2017 年,是一個專注線下的全新模式的零食連鎖品牌。截至 2023 年 6 月,僅僅 6 年時間,它的門市數量已突破 3000 家,並以「平均每天新開 6 家門市」的速度飛快發展。

在介紹零食很忙之前,我們有必要簡單回顧一下線下零食的零售形態變化。

我們大部分人都有小時候在學校附近小賣部買零食的經歷,那時候的小包裝零食,主要是透過夫妻店、小賣部、雜貨店銷售的。20 世紀 90 年代中後期大型超市興起,再後來連鎖便利店興起,零食的銷售通路也相應增加了,但本質上沒有大的變化。零食的品牌商主要還是透過當地經銷商跟這些零售終端聯絡聯絡,中間商會賺一部分差價。

再後來出現了一種新型的零食專賣店,典型代表就是上海的來伊份,以及後來的良品鋪子。這種零食店主要是在客流比較集中的商業地段,營業面積有數十平方米。來伊份和良品鋪子以銷售自己品牌貼牌的零食為主,它們既是品牌商,又是通路商。

銷售真相

　　2010 年，在浙江寧波出現了一個量販式零食銷售門市，名叫「老婆大人」。老婆大人早期銷售的主要是二、三線的零食品牌，透過大包打散稱重銷售、超低價格、混合售賣等方式快速崛起，簡單來說，就是價格超級便宜的零食量販門市，而且門市面積比來伊份這樣的零食品牌專賣店大了很多。後來從長沙崛起的零食很忙和從江西起步的趙一鳴零食，在老婆大人的基礎上做了升級，它們的模式差不多，但把一線零食品牌賣到了超低價。一線品牌對價格有比較強的管控力，通常小的連鎖門市既沒有實力超低價銷售，也要接受品牌方的價格管理，估計這也是早期老婆大人沒有去做一線品牌的原因。

　　但零食很忙一出現就把一線零食品牌賣到了超低價，因為動銷實在太快、量太大，大部分一線品牌也只能睜一隻眼閉一隻眼了。零食很忙在普通的二、三線城市，單店日均銷售額可以達到 2~3 萬元。因為它現在門市數量多，銷量又大，幾乎沒有品牌會拒絕進入它的銷售通路。趙一鳴零食也走了幾乎同樣的道路，創始人趙定早年做炒貨生意，2015 年在江西宜春開出了一家零食量販店，創造了單店日銷售 5 萬元的奇蹟，從此一發而不可收，截至 2023 年 6 月，趙一鳴零食已經擁有 1800 家以上的門市，並且以每月 200 家以上的開店速度在擴張。

　　其實這個事情並不複雜。零食很忙與趙一鳴零食都是用規模

和銷量以及自有的供應鏈和直接向廠商採購的模式壓低了成本，去掉了中間商的差價，讓消費者獲得了更大的實惠。為什麼把一線品牌直接降價比把二、三線品牌降價更有效呢？因為這會給消費者帶來更大的價格震撼，消費者對一線零食品牌的價格更熟悉，也就有更強烈的對比。當然，零食很忙和趙一鳴零食未來的規模會越來越大，它們也可以自己直接貼牌通路零食，也就是把品牌商的那部分利潤也壓縮掉。

關於中國通路的創新模式，我再嘮叨幾句。中國的大型超市從20世紀90年代興起，曾經有過極其輝煌的時代，到2015年開始呈現頹勢。大型超市的功能，正不斷被社區周邊的便利店、零食店、生鮮店、水果店、蔬菜店、烘焙店、主食店、堅果店侵蝕，大型超市的生存狀況也一年不如一年。但歐美國家的大型超市的繁榮周期卻比中國要長得多，而且至今並未呈現出衰退的趨勢，這是為什麼？

一方面，從人口的聚居狀態看，歐美國家的人口密度低，難以支撐小型門市的生存；另一方面，歐美國家的消費者有集中採購的習慣，大型超市的存在正好滿足了這個需求。但中國的消費者居住非常集中，尤其是這幾十年的城鎮化進程使得過去相對分散的居住方式進一步集中了，這就使得我們不僅有快遞和外帶的優勢，也讓社區周邊的小型門市有較多的生存空間，兩個大的小

區就足以支撐這些門市的生存。

所以任何商業模式的興起，都會有許多背景原因。比如零食很忙起源於長沙，因為長沙周邊有大量的零食加工廠，除了銷售一線零食品牌，零食很忙還可以方便地與當地零食加工廠合作，生產一些「白牌」產品，從工廠直接到達零售終端，這就極大降低了中間費用。這雖然未必是主要原因，但這個加工優勢確實給零食很忙帶來了一定的地域優勢。

最後我想說的是，整個商業世界都在不斷追求效率的提升和成本的降低，這在行銷的通路層面也不例外。不同商業領域的參與者，比如逮蝦記、趙一鳴零食等，都在用不同的方式推動這個不可逆轉的商業趨勢。品牌方會不斷壓縮經銷商的層級，儘量透過組織效率的提升或者技術的變革來革新自己的通路；零售商也會不斷在原有經營模式上精進，創造效率更高的商業模式，從而用高效率打敗低效率，用新模式頂替舊模式。

商業世界對效率的追求，沒有終點。

筆記 6

通路增量與通路平移

餐飲外帶一開始就被平臺帶錯了節奏，因為外帶的交付是有比較高的成本的，可是平臺早期的補貼讓顧客習慣了外帶應該比內用更便宜這種邏輯，當平臺撤銷補貼、增加抽佣時，外帶這個通路就變得光怪陸離起來⋯⋯

2022 年 11 月 4 日，中國好多家奶茶品牌同日宣布取消外帶平臺的滿減折扣，其中包括喜茶、奈雪、茶百道、古茗、蜜雪冰城、書亦燒仙草等。這裡我就著這一事件講一個話題：通路增量和通路平移。

先說下餐飲外帶的邏輯。

假設你開了一家做家常菜的餐館，使用面積 200 平方米，因為生意很好，中午都是排隊的。中午就餐，顧客吃飯要在店裡，後廚廚師炒菜再快，也要等顧客坐下點菜後才能炒菜。這時餐廳的最大產出瓶頸不是廚師，而是內用能接待的最大顧客數。

為了計算方便，我們假設整個中午是兩小時就餐時間（11：

30—13：30），這家餐廳最多接待顧客 150 位，人均 30 元的客單價，中午營業額是 4500 元。但是如果餐廳營業面積擴大 100 平方米，能接待 250 位顧客，那營業額就會變成 7500 元，後廚還是忙得過來。

問題是，擴大餐廳面積太難了，有沒有別的方式提升營業額呢？那就是外帶。你的餐廳座位中午接待能力的上限是 150 個顧客，廚房供應能力是 250 個顧客。那你就可以利用外帶再多銷售 3000 元。假設菜品的平均毛利是 60%，那你就多賺了 1800 元。

假設外帶平臺的扣點和費用是 20%（簡化計算），也就是平臺拿走 600 元，你還能多賺 1200 元，這麼算下來，做外帶就是划算的。如果平臺要求你做滿減[11]，也可以，只要不影響用餐，你再做個活動，少賺 300 元，還有 900 元可賺。這種情況下，你還是願意做外帶的。

為什麼呢？因為外帶為你的餐館創造了收入，你增加了一個通路，然後你的整體銷量上升了，利潤也提高了，這就叫作通路增量。

但是，如果外帶不能為你創造增量呢？如果原來每天中午有 150 人來用餐，你做了外帶這個通路，後來就只有 100 人來

---

11 滿足一定的消費金額，消費者即可享受到相應的折扣，從而降低購物成本（例如滿千送百）。——編者注

內用，而另外50人開始點外帶了。你的內用收入就變成了3000元，而外帶收入是1500元，外帶平臺還要扣20%，加上滿減，反倒少賺了很多。那你當然不願意做滿減，甚至覺得外帶應該貴一點，因為還送貨到家了。這種情況就不是通路增量，而是通路平移。就是說你沒有獲得銷量的增加，只是在出現新通路後，你的一部分老用戶轉移到新通路消費了。

那外帶有沒有創造增量？有的，但貧富不均。比如你的小炒快餐店很火爆，中午接待不過來，外帶是可以帶來增量的。如果你的店本來就生意慘澹，那外帶不過是又橫加一刀扣點。如果你擅長做外帶經營，那你可能是受益者。另外，外帶發展起來之後，確實也帶動了一部分市場增量，包括原來帶便當上班的改點外帶了，原來在家做飯的也點外帶了。

以上說的是餐廳。那奶茶呢？奶茶和以上案例有幾個不同點。第一，奶茶大多數是檔口店（路口小商店），本來就沒有座位。奶茶店的最大營業額不取決於門市接待人數，而取決於出杯速度。所以不管你這家店生意多好，你做門市銷售和外帶，是沒有差別的。

第二，奶茶的客單價相對較低，如果做外帶，有基礎配送費，有扣點，那就很難做，利潤太薄，賺的錢幾乎全交給平臺了。

第三，越來越多的顧客選擇點外帶而不是到店購買，奶茶店就很難承受。

如果外帶帶來的是通路增量，那多少還能賺一點，如果只是通路平移，那奶茶店不僅要承擔房租，還要承擔外帶平臺的費用，如果再做滿減，那就眞的賺不到什麼錢了。

通路增量與通路平移的**概念**，我們在通路管理中會經常遇到。一個品牌要在一些新通路重點發力，最好是通路增量，而不是通路平移。比如茅台，它如果開發了電商通路，其實是通路平移，並不會帶來整體銷量的增長，因爲茅台的銷售瓶頸來自生產端，而不是需求端。但有的時候，原先的通路會慢慢衰退，即使是通路平移，你也一定要做。今天大家逛街的時間少了，那線下門市的客流注定會減少，你只有透過線上或者外帶來改善你的營收狀況，這個時候就算是平移，也必須要做。

筆記 7

酒類通路案例──
通路建設是銷售的核心經營活動

酒類是一個長尾的生意,許多通路值得用 10 年甚至 20 年的時間去努力經營。

如果這本書在五年前編寫,酒類通路的故事還真沒多少意思,但今天我們聊酒類通路,就很有意思了。因為過去酒類通路過於單一了,而今天許多新的酒類玩家讓這個通路慢慢有趣起來。

我有一個朋友,他是某高端白酒品牌在河南最大的幾個經銷商之一。早年他們幾個合夥人成立了代理白酒的公司,成立初期他們面臨一個非常重要的選擇:要嘛代理當時還沒那麼搶手的茅台,要嘛代理另一家著名白酒企業,這家企業當時剛剛開發了一款高端白酒,正在尋求代理。如果當時選擇代理茅台,那麼他們公司今天賺到的利潤可能會多 10 倍,不過當時他們選擇了另一個品牌,與茅台的代理權失之交臂。當然他們代理的那家白酒

銷售真相

品牌很不錯，也有非常獨特的歷史文化背景和資源，當時在央視的廣告鋪天蓋地，品牌經營也風生水起，他們的白酒代理公司趕上了一個好時期。

早年在中國市場做白酒，如果品牌有實力，找經銷商相對比較容易。白酒廠商的主要工作是白酒研發製造、品牌宣傳和管理通路，而白酒的核心經銷商（非終端零售）要負責開發、管理終端經銷商。我這位朋友的白酒代理公司在代理這個品牌初期，主要工作是開發河南的終端零售商，也就是菸酒專賣店。這是一個相當困難的工作。當年僅在鄭州一個城市就有 2 萬多家菸酒專賣店，這些專賣店裡能不能擺上你家的白酒，那可是需要業務員一個一個去推銷的。當然品牌方也會提供一些推廣政策，比如陳列費用、推廣補貼等。

那麼，這些酒擺在菸酒專賣店裡就能賣出去嗎？也不是。

你可能也注意到，直接到菸酒店去買酒的人並沒有那麼多，進菸酒店的顧客大部分是買菸的。尤其是高端白酒的終端銷售，很大程度上是靠菸酒店老闆自己日常維護的那些老客戶，這些老客戶有購買量大的個人，也有一些採購白酒比較多的公司和單位。一個菸酒店老闆，實際上很早就在著手經營一個白酒顧客的私域，只不過當時他們是靠電話號碼本和日常交往來經營私域，最近這些年用微信來聯繫罷了。

菸酒店老闆日常最重要的一個工作,就是維護這些客情關係（Customer emotional Relationship）[12],平時跟客戶們玩在一起,聊在一起,吃在一起,所以白酒品牌有很多通路經費,是補貼這些終端專賣店老闆的客情維護費的。這些事情很難用廣告、公關活動搞定,也無法透過大規模、標準化動作實現,而是由數十萬終端店老闆一次一次拜訪、一桌一桌喝酒吃飯搞定的,這是很難在行銷書和行銷理論中學到的東西。當然在客情維護上,我還見過更極端的案例,這裡就不多說了。

電視劇《三體》最後一集中,全球戰區的精英聚集在一起,討論如何消滅三體世界在地球的代理人——伊文思的 ETO（地球三體組織）。軍人們想的辦法都是標準的、正規的戰術,不過都不能保證最後拿到 ETO 保存的與三體世界的通信資料。但是警察出身的史強想出了一個非常另類的辦法,這裡我就不劇透了。我想說的是,在行銷實踐中,學院派往往講的都是中規中矩的打法,說的都是非常正確的理論,但是在實際操作中,在一線摸爬滾打多年的行銷人員則創造了各種各樣真實有效的作戰方法。所以一個從事行銷的人,一定要放下身段,到最真實的現場去看、去觀察、去實踐,才能從一個行銷人轉變為一個行銷實戰專家。

---

12 指產品、服務提供者與其客戶之間的情感聯繫。

在《水滸傳》中，魯智深和武松功夫都很好，但兩個人有很大不同，魯智深是正兒八經的軍官，以前打仗都是正規軍作戰，明槍明刀地打仗。武松從小在江湖上混，是從流氓堆裡打出來的，他不但武功高，江湖經驗也多，所以他更熟悉那些下三濫的招數。孫二娘開了一個黑店，用蒙汗藥蒙倒客人做人肉包子。武松一進店就看出來這是家黑店，魯智深則被蒙汗藥直接撂倒了，這就是區別。不是說魯智深不好，也不是說武松更厲害，而是借這個例子告訴大家，我們做行銷面對的是真實的市場，我們既要懂得大規模作戰的兵法、戰法，也要學會接地氣的做法。

我們再回到白酒的經銷通路這件事。

名酒可以很輕鬆地找到經銷商，因為它的名氣可以讓通路更容易銷售。那麼一個名氣不大的普通白酒品牌該怎麼辦呢？

一種是投入大量的廣告費，比如在央視投放廣告來提升你的知名度。這樣的話，顧客願意購買，經銷商也比較容易經銷。問題是這種廣告費用太高了，大部分品牌承受不起。

另一種，你也可以自己搞定經銷和終端零售環節，不過這要耗費大量的人力物力，建設成體系的自有經銷組織。仰韶酒的案例，就是一個艱難攻克線下經銷通路的經典例子。

仰韶酒的總部在河南省三門峽市澠池縣，早期主要是在三門

峽、洛陽做市場，因為有當地政府的支持，也取得了一些成績。如果這樣經營下去的話，它頂多就是一個地方酒企，甚至連河南一個省都鋪不全。如果想鋪貨到河南全省，那只在三門峽做起來是遠遠不夠的，所以它要去鄭州做市場，因為鄭州是河南的制高點，只有拿下鄭州，才有可能把酒鋪到全省。

但當時鄭州大一點的經銷商看不上它，不願意跟它合作，它只好自己攻堅。它把鄭州分成幾十個片區，實施網格化管理，在鄭州設立辦事處，直接跟菸酒專賣店合作，把經銷商的工作都做了。經過幾年努力，他們終於在鄭州這個市場站穩腳跟。自己設辦事處、做經銷商的工作肯定很累很苦，但仰韶酒沒辦法，只能自己做。這樣做也有額外的好處，就是廠家摸清了宣傳費用花在了哪裡。鄭州攻下來，河南其他城市就好打了，也有經驗了。

還有一個案例是關於白雲邊酒的。

白雲邊是湖北的一個白酒品牌，它用 10 年的時間去主攻河南市場。其實湖北酒到河南開拓市場沒有什麼優勢，湖北不在核心白酒產區，歷史文化、廣告傳播都沒有。但是白雲邊用 10 年死守河南的縣級以下市場，現在一年能做到近 10 億元的營業額。

銷售真相

湖北緊鄰河南，而河南是人口大省，有100多個縣級城市。白雲邊放棄了鄭州和各個地級市，將主要精力放在縣級城市和鄉鎮市場，走農村包圍城市的路線。它的核心通路開發主攻縣城和鎮上的餐飲店，主要做宴席白酒，廣告主要就是河南農村的刷牆廣告[13]，並且在縣城和鎮上的餐廳做店面招牌設計。經過十年的深耕，業績好的一個縣就能做幾千萬元銷售額。

白酒通路早期就是這麼一個一個銷售點慢慢地打下來的，是一個長期的、艱苦的工作。如果你自己做不來，那就只能找經銷商來做，經銷商也是靠攻堅戰才攻下來現有的地盤，才有市場話語權，所以市場行銷沒有容易的事。

當然，還有一類白酒是靠電視購物或者廣播購物做的，具體做法我就不詳細講了。

白酒行業長期以來主要靠線下銷售，即使電商在國內發展多年，市場占比也不高，不過還是有少數品牌探索出了一些新的道路。

遠明老酒一開始就使用了線上投流的方式做白酒，但是白酒的投流回報率並不高。遠明沒有局限於一次廣告投入的回報，而

---

[13] 在鄉／農村用傳統油漆刷標語打廣告。──編者注

是綜合測算顧客的回購率。它的做法是投放線上廣告,然後加客戶微信,沉澱到私域,然後透過微信繼續做日後的轉化,追求綜合回報率,漸漸折騰出了一方天地。

肆拾玖坊由前聯想高管張傳宗創辦,在茅台鎮有自己的醬酒廠。當時這家公司的聯合創始人有49個,主要是聯想集團的銷售中堅,所以取名肆拾玖坊。肆拾玖坊也沒有走傳統醬酒的銷售路線,因為擋在它面前的有茅台、郎酒、習酒、國台等好幾座大山。所以肆拾玖坊的指導方針就是有效利用自己的優勢資源,也就是人脈圈子。這49個創始人本身就是商業大佬,有大量的人脈資源,先從這些聯合創始人的圈子出發,肆拾玖坊創造出圈子行銷的醬酒行銷新方式。

肆拾玖坊在全國有十幾個大的分部,公司內部稱為平臺,它們的經營者都是各地認同肆拾玖坊模式,加入肆拾玖坊的重要合夥人。這些合夥人本身就是高端醬酒的消費者,也是醬酒的消費大戶,他們認可肆拾玖坊的品質和商業模式,同樣以自己在當地的人脈圈子建立起當地的社群。

2022年,肆拾玖坊在全國各地有2000多個私人會所,這些會所就是肆拾玖坊的第二級經銷平臺,每個會所由當地數十個合夥人共同擁有。他們在當地交際廣泛,本身就有大量商務宴請的

需求。這些會所既可以為他們宴請賓客提供方便，同時還能消費自家的醬酒。

肆拾玖坊設計了一套展示、品鑒、對比的流程，不僅講解醬酒知識，提倡文明健康的飲酒文化，還有一套獨有的飲酒禮儀，透過拉酒線、對比盲測等多種方式讓朋友認識這一款醬酒，招待客人的同時也宣傳了肆拾玖坊。

肆拾玖坊的顧客既是消費者，同時又是代理商。肆拾玖坊早期將自己的大部分股份都分發給重要的合作夥伴，這就激發了他們的參與熱情，提升了他們賣酒的自豪感。截至 2022 年，肆拾玖坊擁有 10 萬以上的名義合夥人，探索出一條社群行銷的新通路模式。

除了白酒，啤酒也是酒類中一個重要的品類。過去啤酒主要也是走大規模廣告＋大規模經銷代理鋪貨的模式，而近幾年則出現了一些新的通路探索。

泰山啤酒原來是泰山市的一家地方啤酒廠，因為經營不善，2000 年左右被東莞虎彩印刷集團收購，但仍舊在當地經營傳統的工業瓶裝啤酒，日子過得還不錯。後來華潤、青島等知名品牌不斷收購一些地方啤酒企業，中國啤酒市場發生了大整合。當青

島啤酒與泰山啤酒談整合收購時，泰山啤酒沒有同意。結果青島啤酒迅速殺入泰安市場，搶了泰山啤酒幾乎一半的市場份額。正是由於青島啤酒的這次「入侵」，逼迫泰山啤酒走上了一條全新的道路。

當時泰山啤酒很難在正面戰場和青島啤酒抗衡，於是決定做一個差異化產品，這就是後來的泰山原漿 7 日鮮。泰山原漿，簡單來說就是更高品質、保鮮期更短（只有 7 天）、口味更好的啤酒。泰山原漿早期主要在北方銷售，瓶子非常大，所以在北京又被簡稱為「大七」，就是大瓶 7 日鮮。

傳統工業瓶裝啤酒保鮮期很長，所以不可能做到泰山原漿的品質，但是這個 7 天保鮮期也是一個巨大的挑戰，工廠從生產到銷售必須要在 7 天內完成。早期並沒有成熟的模式可循，而頭幾年泰山原漿有 30% 的啤酒因為過期要被回收處理。後來經過不斷的探索，泰山原漿啤酒終於在供應鏈、經銷模式、銷售方式上整合出一套流程，可以保證不斷快速動銷。我們說過，通路就是商品從出廠到交易再到交付給消費者的所有參與者，泰山原漿就是在通路上進行了變革和創新。

泰山原漿不走傳統的經銷通路，而是自己發展經銷商。經銷商主要不是向超商零售通路鋪貨，而是以半小時送貨為主，即時送到周邊想喝啤酒的顧客手中，這些顧客主要是在周邊飯館聚會

吃飯的人。

那這些顧客怎麼知道買泰山原漿呢？泰山原漿主要透過公眾號、朋友圈來做行銷，每個經銷商就是一個大私域，不斷沉澱大量周邊顧客，隨時送貨，讓顧客即時享受到泰山原漿。

泰山原漿還有個很重要的行銷動作。因為原漿啤酒只有 7 天保鮮期，難免會出現即期產品。泰山原漿把每個星期二作為促銷日，即將過期的啤酒正好可以用來促銷、試喝，這樣就完美地解決了保鮮期短的問題。把過兩天就需要處理的啤酒變成促銷工具使用，讓成本變成了費用，把浪費變成了促銷和集客手段。

與泰山原漿類似的品牌，還有一個叫優布勞。不過優布勞不做瓶裝啤酒，它做的是精釀啤酒。

瓶裝啤酒是啤酒工業化的產物，主要優勢是成本低、保鮮期長，可以快速大量生產。但是早期啤酒的發酵工藝與今天的工業啤酒發酵不同，後來有一個美國人復興了這種發酵方法，這就是後來在美國逐漸流行的精釀啤酒。根據美國釀酒商協會（BA）在 2022 年發布的《手工釀造行業年度生產報告》，2021 年，美國小型和獨立釀造商共生產啤酒 2480 萬桶，精釀啤酒占到了啤酒整體市場份額的 13.1%。精釀啤酒口味更豐富，口感更好，過去通常是小作坊小批量生產，所以精釀啤酒的英文是 craft beer，

就有手工釀造的意思。近幾年精釀啤酒開始在中國市場出現並逐步被消費者接受,不過整體市場份額還非常小。

大部分精釀啤酒品牌是靠精釀啤酒館來達成交易和交付的,顧客在這些精釀啤酒館裡可以喝酒、聊天、吃飯,這也是過去精釀啤酒的主要通路模式。但是這種模式在過去的市場實踐中被證明是低效的,且幾乎沒有利潤。由於精釀啤酒的目標顧客不夠多,精釀啤酒館同時還需要經營餐食,經營難度和成本很高,這導致大部分精釀啤酒館沒有利潤,賠本賺吆喝的居多。

後來優布勞改良了這種通路模式。

優布勞同樣是酒館模式,但它的酒館主要作用是展示 + 前置倉儲存。它用的是大酒桶,然後用打酒袋現打,口感要比普通工業啤酒好很多。優布勞的酒館座位很少,主要是現打啤酒帶走或者顧客電話訂單直接配送(30 分鐘內送到)。

優布勞酒袋現打圖

優布勞之所以能探索出這種模式，源於一個嘗試和抖音等短影音紅利。當時優布勞製造了一批打酒車，用倒推的三輪車拉著酒桶上路，可以給街邊吃燒烤和大排檔的客人隨時打酒。現打現喝的精釀啤酒口感極佳，顧客喝一口就能感受到。然後就可以直接加老闆微信，日後可以聯繫送酒。由於這種黃色的打酒車非常新穎，被人拍下來發到了抖音上，成了爆紅影音，放在朋友圈後也立刻引起圍觀。

優化前的優布勞打酒車設計圖

優化後的優布勞打酒車設計圖

　　這成就了優布勞的代理模式。

　　優布勞把酒館做輕，選址不需要核心位置，只要在大商圈、餐飲聚集地的周邊二三類位置就可以，面積也不需要太大。因為不提供餐食，主要是外送和外帶啤酒，這就節省了租金成本。酒館平時只需要一個店員就可以完成打酒、賣酒、送酒的工作，忙碌時可以臨時雇用小時工送酒，這同樣降低了營運成本。

　　優布勞酒館的集客，除了在抖音等發布影音獲得關注，老闆需要的是與周邊聚集的餐館建立好關係，不斷加顧客微信形成私域。因為酒的品質好，所以老顧客會不斷帶來新顧客。平時顧客主要是打酒自用或者電話、微信叫外送，所以酒館裡也不提供餐食，不需要店內消費。老闆經營精釀酒館的關鍵就是讓新顧客瞭解到還有這樣的精釀酒館，還能現打啤酒，還能帶走，這是過

去沒有的一種銷售模式。從過去的經驗看,酒館老闆只要擁有1000個微信好友,就可以將酒館經營下去,如果老闆有辦法加到更多顧客,精釀酒館的經營就是一個很好的模式。小馬宋現在和優布勞合作,我們的核心是提高酒館老闆加微信的效率,提高老顧客轉化新顧客的效率……等等。

　　酒類的行銷和通路一直被認為比較傳統和老舊,但即使是這樣傳統的行業,通路的變革也在不斷發生。通路的核心功能就是讓交易發生、讓交易實現,所以通路建設是銷售的核心經營活動。所有商業交易的高效實現,幾乎都是透過提升通路效率促成的。

筆記 8

奶茶通路案例——一家小奶茶店的通路創新

2021 年初夏，我去昆明拜訪一位奶茶行業的創業者，他跟我講起早期做奶茶店的一段往事，我很受啓發，所以寫出來跟大家分享。

這位創業者是個 90 後，不過神奇的是，他 18 歲才會認字和寫字。早年因爲家庭的原因，他沒有機會上學，只是在社會上混，後來覺得應該有個正經營生，就去一家奶茶店打工。由於工作相當出色，他很快從奶茶店調到這個奶茶品牌的總部工作。

再後來，他就職的這家奶茶品牌有個加盟店老闆因爲店鋪經營不善，想轉讓自己的奶茶店。這個小夥子覺得這是自己的一個創業機會。那時候他並沒有足夠的錢來接手這家奶茶店，於是他就跟這個老闆商量，願意在這個老闆出價的基礎上加價一萬元接手，但條件是一年後再付這筆錢。因爲這個老闆和他本就相熟，很相信他，就按照這個條件把奶茶店轉給了他。

一家奶茶店生意不好可能有好多種原因，比如奶茶做得不好喝，那顧客喝完第一次就再也不會有第二次了；也有可能是管理不善，比如做奶茶效率低、店員不夠主動積極等，也會讓營業額下降；當然更有可能是位置不好。

　　這家奶茶店為什麼生意不好呢？核心原因就是位置不行，門前經過的客人少，買奶茶的人當然就少。我們去租一個店鋪，要付給這個店鋪租金，這個租金的本質是什麼呢？其實並不是房子，而是這個房子門前的客流，我們付租金就是在購買這個店門前的客流。

　　比如在北京，朝陽大悅城就是一個高客流的購物中心；朝陽大望路 SKP，深圳的海岸城，成都的太古里，上海的環球港，重慶的解放碑、觀音橋，長沙的五一商圈……等等，都是擁有巨大客流量的購物中心或者商圈。在這種商圈租店，就是為了獲得商圈的巨大客流，客流越高，租金就越貴。再比如北京西直門凱德 MALL 地下一層，朝陽大悅城地下一層，因為與地鐵直接接駁，客流量巨大，所以檔口店的租金是每平方米每天 50 元起（南方城市一般算一平方米一個月的租金，那就是一平方米一個月 1500 元起）。

　　第一次經營店鋪的朋友往往會有一個誤區，覺得租金高的店鋪成本壓力太大，所以常常選擇一個不是很熱門的商圈，租金相

對便宜一些。其實，從實際經營結果看，反倒是租金越高的地方店鋪經營的成功率越高。比如北京五道口成府路從華清嘉園到五道口購物中心那一段路就是非常好的地段，我家孩子 5 年前就在那裡學畫畫。根據我這 5 年來的觀察，這一段街鋪幾乎就沒有倒閉的（不考慮極端情況），雖然租金貴，但是客流高，本金還是能賺回來。反倒是那種租金很便宜的地段，客流很少，生意清淡，好多商家做一兩年就撤店不幹了。

麥當勞就極其重視店鋪的選址，它不僅僅要選擇繁華地段，還要選擇繁華地段中客流最高的那個位置，麥當勞內部稱這種位置為千分點，也就是焦點中的焦點、繁華地段中的繁華地段。

說回那個奶茶店。

這個小夥子接手的這家奶茶店生意不好的主要原因就是位置不好，沒有自然客流，店主再積極、再熱情也沒有用。就像是你有一個很好的產品，但是沒有銷售通路，可能銷量就寥寥無幾。而那些能進入頂流主播那裡的品牌，品質並不見得特別好，卻也能一次銷售上百萬元甚至幾千萬元，這就是通路的力量。

奶茶店很特殊，它不是預製產品，而是顧客發出訂單之後才開始製作的，當然這幾乎是所有餐飲企業的特點。小夥子在接手奶茶店之後，主要做了兩件事，這兩件事都跟通路有關。

銷售真相

那個時候還沒有外帶平臺,但並不是沒有外帶,顧客可以打電話訂奶茶。所以他做的第一件事,就是以這間奶茶店為中心,到周圍的商家、住宅大樓和辦公大樓發外帶傳單。還記得在 10 年前,我們同事的辦公桌上就堆滿了這種外帶傳單,中午吃飯,一個電話外帶就送到了。這種早期的外帶方法,對一個自然客流不多的店鋪來說,極大地拓展了客源。這種外帶電話就是一種特殊形式的零售終端,它直接促成與顧客的交易,然後透過店鋪製作,騎車去送外帶,產生交付。這就是一套比較完整的交易、交付系統,也就是這家奶茶店的通路。

第二件事,他想到了另一個通路。在這家奶茶店一公里左右的地方有一個小學,每天中午小學生們都會集中去吃飯,中間必定會經過一個小賣部,這個時間段應該有機會銷售奶茶。但問題是,奶茶店離學校有點遠。他想了一個辦法,就是把自己的奶茶店作為一個製作中心,讓學生們必經的那個小賣部作為一個銷售點,這樣就相當於開闢了一個奶茶的代理點。

這個小夥子去跟小賣部的老闆商量,問能不能在她這裡擺一張桌子,把做好的奶茶在午飯時間集中銷售,然後根據銷售額來分成,可是老闆死活不同意,反覆溝通都不成。後來有一天,他直接做了 50 杯奶茶送到了老闆那裡,他說奶茶我已經做好了,一會兒孩子們就出來吃飯,如果賣出去了,你賺一半的利潤,如

筆記 8　奶茶通路案例——一家小奶茶店的通路創新

果賣不出去，我明天就不來了。

結果，午飯時間一到，50 杯奶茶很快就賣完了。那個老闆也來了心氣兒（輸人不輸陣），她說你明天送 100 杯奶茶過來。

就這樣，原來一家門前客流不是很高、瀕臨倒閉的奶茶店，經過他的不懈努力和經營，一天做到了八九千元的營業額，生意與之前相比有著天壤之別。

在這個案例中，這家奶茶店最重要的改變是什麼？產品還是那些產品，價格也沒有變動，發生變化的就是通路。發傳單獲得外帶訂單，改變了集客方式，從店鋪門口的自然客流變成透過電話訂奶茶的線上客流，同時奶茶向顧客的交付也從門市前臺變成了騎車送貨。找到學校附近的小賣部代理銷售，就是將奶茶的現場銷售點從一個變成了兩個，原來的奶茶店既是奶茶製作中心，也是奶茶的零售終端點。而學校附近的小賣部，其實就是這個奶茶店的一個代理，奶茶店雖然需要向這個代理支付提成，但在奶茶店製作能力之內，總體營業額會擴大，利潤也會增加，這就是通路代理的好處。

這個學校附近的小賣部在和這家奶茶店的通路代理關係中，是處於強勢地位的。它代賣奶茶，既不需要提前進貨，也不承擔庫存積壓風險，賣出去就可以收取佣金，賣不出去則由奶茶店來

承擔損失。這家小賣部既是一個零售終端，承擔了攬客和成交的任務，也是奶茶店的一個銷售代理，解決了奶茶店的產品分發問題。這就是傳統通路中零售商和代理商的雛形。

你可以看到，如果這家奶茶店只堅守自己的那個門市，它的銷售量是很難做起來的，但是當它拓展了兩個通路——外帶和代理——之後，它的銷售額也就水漲船高了。外帶，是對零售方式的一種拓展，小賣部，則是一個零售代理商，這兩個通路改變了這家奶茶店的命運。後來這個小夥子繼續創業，創辦了屬自己的奶茶品牌——霸王茶姬，目前在國內已經擁有了1860多家門市。

在傳統的經營中，企業在初期銷售遇到問題的時候，往往首先需要找到行銷通路。在行銷的4P結構中，通路對銷售的作用是立竿見影的，起到了決定性的作用。如果沒有促銷，商品透過終端通路依然可以銷售出去，但是如果沒有通路，只有促銷，顧客就不知道到哪裡去購買，也沒有地方成交。

今天，許多國外品牌要進入中國市場，它們在不熟悉中國市場的情況下，也傾向於找一家中國代理商來負責它們在中國的商品銷售，就像那個奶茶店店主找到了學校附近的小賣部一樣。我曾經拜訪過許多代理國外品牌的中國代理商，比如加拿大兒童營養品牌Ddrops，它的國內代理商是一家東莞企業。加拿大方面

會根據中國代理商提交的需求,每年撥付一定的行銷費用,而中國代理商則承諾一定的銷售量。在國內的兒童營養品品類中,Ddrops 占據了第一的位置,這是一個雙贏的局面。

如果你的企業初期遇到銷售問題,應首先考慮:通路方面,你能做些什麼?

筆記 9

通路案例——「腰帶哥」和「炸雞皇后」的通路興衰故事

幾個月之前,我接待了一位創業者,他本名我忘記了,只知道他跟我一樣都在北航讀過 MBA(工商管理碩士),他做腰帶生意多年,曾經做到中國腰帶市場前三名,大家都叫他「腰帶哥」。

腰帶哥早年讀的是師範大學,回到山東老家後當了一名教師。在山東,教師雖不是顯赫的工作,但也是大部分人嚮往的鐵飯碗。不過腰帶哥沒有滿足於做老師,很快就到北京闖蕩去了。那時候北京的大紅門、動物園都是名聲赫赫的服裝批發市場,他就在大紅門謀了一份差事,主要做服裝行業的推銷員。

後來他在褲子店裡發現了一個商機。

那時候北京大紅門地區有很多褲子專賣或者批發店(主要是男褲),客人在試褲子的時候,通常需要一條腰帶來搭配一下看看效果,所以褲子店裡通常會配幾條腰帶供客人搭配用,但褲子店老闆很少賣腰帶。按當時的市場慣例,腰帶是在皮具店裡賣

的,一般和錢包等皮具放在一起銷售。腰帶哥就想,能不能在褲子店裡賣腰帶?

後來他就從東莞批發了一批腰帶,然後跟幾個褲子店老闆去談,把腰帶放在褲子店裡,不要貨款,只要老闆賣出去一條腰帶,就給他抽15元。褲子店老闆覺得這事是摟草打兔子,順帶幹的事[14],也就答應了。結果令人振奮,基本上一家褲子專賣店一天能賣出 10~20 條腰帶。腰帶哥覺得這事可行,於是迅速註了自己的腰帶品牌,名叫「五福花」。腰帶哥雇了一些推銷員,自己也親自上馬,開車到中國的縣級城市,專尋那些服裝或者褲子專賣店,簽訂代售協議,在這些門市銷售腰帶。

透過這樣的通路開拓,腰帶哥的五福花腰帶在生意最好的時候,一年有 5000 萬元的銷售額。當時在褲子店賣腰帶這件事還沒有引起太多人注意,所以利潤非常高,他一年賣 5000 萬元,利潤就有2000 萬元。為什麼會有這麼高的利潤呢?因為那時候傳統品牌和廠家都在皮具店銷售腰帶,但皮具店老闆在皮具行業做過很多年,他們都知道成本是多少,所以壓價壓得很厲害,一條腰帶只有 5~10 元的利潤,利潤都讓皮具店老闆拿走了,但你也沒辦法,因為通路是成交和銷售的核心要素。

褲子店就不一樣了:首先,褲子店的經營者不是很關心一條

---

14 意思是做一件事的同時,順帶著把別的事也做了。——編者注

銷售真相

腰帶能賺多少，他的利潤主要來自褲子的銷售；其次，褲子店老闆對皮具的成本也不熟，所以能給五福花留出足夠的利潤空間；另外，五福花的經營也是非常輕的模式，腰帶都由東莞一帶的代工廠加工，款式都是工廠出的，自己只要雇一些推銷員開發褲子店的通路即可，整個公司經營成本很低，利潤也就比較高了。

在中國市場上，腰帶還沒有什麼特別大的品牌，要嘛就是傳統的金利來等做皮具的兼做腰帶，要嘛就是一些規模不大的小廠。其實當時腰帶的市場還是挺大的，大概有100億元的市場規模，但這是一個極度分散的市場，很少有品牌能做到1億元。腰帶哥很快就把生意做到了5000萬元，覺得做到1億元也不是什麼難事，他開始找諮詢公司去做諮詢。不過當時他找的那位策劃人還算比較有良心，他勸腰帶哥不要著急打廣告，先把通路拓展做扎實再說，總算為他省下來不少費用。誰知5000萬元就是腰帶哥腰帶生意的巔峰，後來腰帶哥的生意就開始逐年下滑，他找我的時候，生意已經比最好的時期跌落了一半以上。

為什麼會出現這種情況？因為後來發生了幾件事。

第一，他率先開發的褲子店銷售通路也被同行發現了，幾個同行隨即快速跟進，跟他搶褲子店的通路。他們透過給更多佣金、無抵押進貨等各種手段，不斷侵蝕腰帶哥的通路，導致「腰帶哥」的腰帶利潤下降，銷售額也隨之下降。

第二，不僅僅是通路被人搶占，由於電商的發展，線下褲子店的客流也在逐年下降，當然腰帶的銷量也隨之下降。

第三條尤其致命，隨著新一代年輕人長大，腰帶市場逐漸萎縮，因為今天的穿戴習慣變了，許多消費者已經不需要腰帶了。

當然與腰帶哥搶生意的那幾個品牌，後來也都銷聲匿跡了，因為他們給的佣金高，利潤自然就不好，加之給褲子店供貨不能預收貨款，所以通路的損耗很大，貨款也很難收回，幹了幾年就做不下去了，只剩下腰帶哥還在苦苦支撐。

第二個商業故事，是關於「炸雞皇后」的。

炸雞皇后在經營的最高峰曾經有 1000 多家門市或檔口，2023 年大概只剩下 100 多家門市了。這又是一個發現通路紅利，然後隨著通路紅利消失而生意跌落的故事。

炸雞皇后的老闆早年做炸雞，2012 年，有一個偶然的機會，他們進了一家超市，這家超市是胖東來的前總經理開的。他們就在超市裡搭個檔口賣現炸的炸雞，一個 4 平方米的檔口，4 個員工，一個月做到了 36 萬元的營業額。然後炸雞皇后就陸續進駐了胖東來等河南的本地超市，隨後向全國的大型超市永輝、大潤發、盒馬、利群、銀座等擴展，最輝煌的時候，他們開到了 1000 多家門市或檔口。

2012年之後,大型超市還有一段黃金時期,而且在大型超市中,炸雞皇后是獨家經營,經營面積很小,沒有競爭對手,成本又低,所以經營狀況非常好。

但它也有幾個天生的缺陷。

第一,雖然品牌叫炸雞皇后,但因為主要在連鎖超市中開闢檔口經營,絕大部分顧客認為這不是一個獨立品牌,而是這家超市的產品。顧客在永輝買的炸雞,他就認為這是永輝的;在大潤發買的,就覺得這是大潤發的。炸雞皇后雖然開了這麼多店,但因為通常都是店中店,檔口裝潢等又不是很顯眼,所以沒有形成很強的品牌認知。

第二,炸雞皇后主要在大型連鎖超市內開店,這個通路過於獨特和集中,通路單一,很難抵抗風險。所以後來隨著大型超市逐漸走下坡路,炸雞皇后的生意也就很難維持了。

特別是三年疫情,大型超市的客流逐年下降,顧客更加習慣在社區周邊和網上採購生活用品。社區周邊的便利店、生鮮店、生活超市、炒貨店(零食店)、蔬菜店、水果店、烘焙店等,逐步蠶食了大型超市的功能。中國市場的消費者與美國的有很大不同,美國的消費者居住分散,

社區很難形成規模,所以服務社區的小店無法生存,美國消費者迄今仍然是到大型超市集中採購。而中國的消費者聚集程度

高，社區周邊生活便利，不需要集中採購，電商和O2O（線上到線下）業務又發達，這些因素都導致大型超市在國內的衰落。

　　成交的關鍵就是通路，因為通路本身就是交易發生的地方、讓交易發生的人、促進交易發生的方法的組合。腰帶哥發掘通路的故事，跟本書前面講的那家奶茶店的通路故事類似，核心就是要找到能發生交易的地方，並把你的貨鋪到那裡去。而炸雞皇后的案例也說明了通路的重要性，甚至有了核心通路，你不需要什麼品牌力加持，就可以獲得可觀的銷售和利潤。

　　所以企業在成長初期，搞定通路是一個非常重要的命題，因為通路就是交易發生的地方。

筆記 10

餐飲通路案例——每一次通路的變化，都會帶來大量的新興商業機會

2009 年，剛剛畢業的大學生朱海琴和她的三個合夥人一起在北京什剎海的前海東沿 10 號開了一家叫雲海肴的雲南菜館，這個餐館的房子是其中一位合夥人親戚的，所以這裡就成為他們的第一家店址。2009 年的北京，雲南菜館非常少，所以雲海肴自開張之後就異常火爆，但你可別羨慕，因為這家菜館看起來很火，其實一年下來也不怎麼賺錢。為什麼呢？因為什剎海這個地方有個特點，就是夏天人多，冬天沒人，所以雲海肴這家店夏天賺、冬天賠，一年算下來也就是個不賠不賺。雖然第一家店並不算成功，但是今天的雲海肴卻是中國雲南菜品類的頭部品牌，這中間究竟發生了什麼呢？

先問你一個問題，如果你是 2009 年的朱海琴，你要在北京開第二家雲海肴餐廳，你會選擇在哪裡開店呢？

你要注意雲海肴創辦的這個時間點，2009 年。這一年，差不多正是餐飲行業的一個分水嶺。因為這個時期，中國三線以上

筆記10 餐飲通路案例——每一次通路的變化，都會帶來大量的新興商業機會

城市的一個大通路正在慢慢消退，而另一個巨量的通路正在快速崛起。正因為這種通路的變化，讓中國的餐飲行業開始天翻地覆，大浪淘沙，群雄並起。過去的王者走下神壇，新晉的品牌粉墨登場，一場中國餐飲行業的新舊更替就藉著這個通路的更新拉開了序幕。

早在2003年，在北京市城西藍靛廠一個著名的超大地產專案世紀城附近，有一座大型購物中心開始建設，它就是今天的世紀金源購物中心。這個購物中心面積有68萬平方米，在2004年開業，也是北京最早的綜合購物中心之一。自此以後，北京乃至全國的購物中心就如雨後春筍般生長了出來。根據中國連鎖經營協會發布的《中國購物中心對經濟社會發展貢獻力報告（2021）》提供的數據，截至2021年底，全國購物中心總量為6300多家。

你可能要問，購物中心開業跟餐飲通路有什麼關係呢？當然有關係。在購物中心之前，中國的商場普遍是百貨大樓模式。年齡稍微大一點的朋友可能還記得，過去購物和吃飯這兩個行為是分離的，通常是去百貨大樓買東西，吃飯的話要嘛回家，要嘛去街邊的餐館吃飯。那時候，中國的餐館普遍都是開在大街邊或者社區內。

在哪裡開店，就會在哪裡產生交易，而產生交易的地方，就

是行銷通路中所謂的終端。

當十幾年前的餐廳開在街邊的時候，餐飲行業提供的主要價值有兩種：一種是正規而貴一點的，專做商務宴請以及團體和家庭聚餐；另一種就很便宜，比如路邊的包子店、拉麵店、小炒店等，就是解決簡單的吃飯問題。

如果顧客去餐廳吃飯是為了聚餐或者宴請，餐廳提供的產品就要為這個目的服務。這種商務餐廳（也被稱為宴請餐廳）普遍面積比較大，包間很多，裝修氣派，菜單要有魚、肉、海鮮、野味這些大菜，菜的種類還要多，有時候酒比一桌菜還貴（當時餐廳不允許自帶酒水，自帶酒水的話要加收開瓶費），等等，這些就是適應消費者的產品設計。餐廳的定價就是按照宴請的定價來的，即使是優惠套餐，也是一桌菜打包賣，冷熱葷素再搭配上酒水。

同時，餐廳的推廣主要靠街邊的店面裝潢，這樣才能最大程度地吸引往來的路人。所以那個時候的酒樓飯店，店面的裝潢都特別下功夫，要裝飾得非常顯眼、醒目，要嘛裝飾成一個傳統的大門樓，要嘛弄個特別的標誌在上面，比如我去廣州上下九步行街的時候，就看到有個餐廳店面上有兩隻巨大的粉紅色的兔子。那時候，在宴席期間，餐廳的商務經理會不停地到各個包廂敬酒、留名片，這就是那時候主要的促銷推廣方式。

筆記10　餐飲通路案例——每一次通路的變化，都會帶來大量的新興商業機會

那時候，餐廳的自家店面幾乎就是唯一的宣傳陣地，所以老闆要竭盡所能地利用起來。2001年我在北航讀書，北航大運村宿舍附近有一家特別出名的川菜館，叫沸騰魚鄉，當時在北京特別受歡迎，受歡迎到什麼程度呢？2003年「非典」期間，大家幾乎都不出門吃飯了，我們學校附近的沸騰魚鄉門口照樣排隊。它店面的招牌，光四個字的名字就有十幾米長，而且因為它的主打產品是水煮魚，花椒和辣椒的味道特別重，香味透過後廚的排氣扇吹出來就到了街上，離他們店50米都能聞到香味。這就是透過自己獨有的味道來做傳播。

西貝莜面村是在1999年進駐北京的，那個時候它就是特色大酒樓的形式。當時北航附近的牡丹園就有一家西貝莜面村，店面很顯眼，我還記得「西貝莜面村」這五個特別大的字安裝在樓頂，每次坐公車從牡丹園路過都能看到。

你看，通路不同，會導致功能和價值不同，功能和價值不同又導致產品不同，產品不同又導致定價不同，然後推廣方式也就不同。雲海肴2009年開的就是街邊店，街邊店不僅僅是一種餐飲位置和形態，還是一種獨特的餐飲通路。

但當時這種核心的餐飲形態很快就要成為過去式了，隨著購物中心的繁榮，誕生了一個重要和全新的餐飲通路。這個時候的消費者，購物、娛樂和吃飯這幾種行為合而為一，購物中心招商

時的餐飲模塊占比就越來越大，絕大部分餐飲都搬到了購物中心裡。

我們已經瞭解，4P 是互為因果、相輔相成的。比如，餐飲業最重要的一個 P——通路變了，而這個 P 的變化，帶來了其他 3 個 P（產品、定價、推廣）的大變革。

以過去街邊店的模式為例，如果是做宴請餐，餐廳面積至少 1000 平方米以上。但購物中心的顧客主要目的是解決個人就餐問題，頂多是跟好朋友一起逛街吃個飯，所以就餐人數就會從 10 人左右下降到 2~4 人為主，這也是像太二酸菜魚這種比較有個性的餐廳為什麼超過 4 人不接待的原因，但這在過去是不可想像的。這時候，餐廳的面積開始縮小，一般是 200~500 平方米，餐桌從圓桌變成了方桌，就餐人數從 10 人左右變成了 4 人左右，菜單從大魚大肉的主菜向特色、小份、精緻、創意等方向發展。這就是通路發生變化後帶來的產品變化，我們現在把這類餐飲叫作正餐、簡餐或休閒餐，而過去流行的叫宴請餐。

在定價方面，宴請餐的定價會更高，正餐、休閒餐的定價相對來說就更平民化一些，所以才會有後來的綠茶、外婆家這種主打極致性價比的品牌。2010 年，雲海肴開第二家店的時候把店址選在了中關村的歐美匯購物中心（現名「領展購物廣場」），從此，雲海肴從一個街邊小店品牌變成了商場店餐飲品牌，並在

筆記 10　餐飲通路案例——每一次通路的變化，都會帶來大量的新興商業機會

之後逐漸成長為中國雲南菜的頂級品牌。雲海肴開第一家店的時候，叫「雲海肴牛肝菌」，但以牛肝菌做主打菜價格就太貴了，而且牛肝菌不容易被大眾理解和接受，後來雲海肴以正餐品牌進入購物中心後，就改成了「雲海肴雲南菜」。

通路改變了顧客的消費習慣，同時也改變了產品結構和定價，它們是互相依存、互相促進的。

最後一個P 就是推廣。餐飲的通路變成了購物中心，那推廣動作就跟之前很不一樣了，最簡單、最普遍的做法是在購物中心做牆體和商場內部的廣告。西貝莜麵村（以下簡稱西貝）進入購物中心之後有一個廣告原則，叫「不用問路走到門」，主要就是在購物中心做廣告和各種路牌指示。當然，隨著網際網路的發展，美團點評、小紅書、抖音、微信私域等也成為餐飲行業推廣的重要陣地了。

購物中心發展的早期，西貝轉型的動作其實慢了一點，2010－2014 年，西貝還是在做大型宴請餐飲模式，先是定位成了「西貝西北民間菜」，後來又改成了「西貝西北菜」，再後來又改成了「中國烹羊專家」，折騰了幾次都不算成功。其實不管怎麼改，都沒有解決一個根本性問題，那就是餐飲行業的發展趨勢和主流形態已經不是宴客餐了，在一個非趨勢、非主流的形態裡無論怎麼折騰，機會都沒有那麼大。

最終西貝改變了策略，它先是嘗試性地在北京財富購物中心三層開了一家 800 平方米的店，800 平方米對當時的西貝來說算是非常小了。結果非常成功，然後公司快速調整了戰略，以適應通路變化和消費需求的變化，變成了今天的樣子。

西貝在這個時候的改變有幾個方面。

第一，它把店面從幾千平方米改成了幾百平方米，從大酒樓的形態變成了購物中心休閒餐廳。

第二，它取消了原來所有的包廂，客人都在大廳吃飯，桌子從圓桌變成了方桌，從一桌坐十幾個人變成一桌坐四五個人。這就從宴客餐變成了日常餐飲。

第三，它的菜單發生了變化。原來西貝有 100 多道菜，後來縮減至 40 多道菜，這樣集中研發更少的菜品，更容易做到每道菜都好吃，所以它才有了「閉著眼睛點，道道都好吃」的廣告口號。菜品減少之後，客戶點餐會更快，這樣餐廳的翻桌率就會提升，不讓客人在點菜上浪費太多時間。

第四，它的裝修風格變了。西貝一改原來大酒樓那種誇張的裝修風格，變成了明廚亮灶，餐廳風格更加簡潔明快。

第五，它的傳播推廣發生了變化。原來在路邊開大酒樓，只要店面裝飾得顯眼，招牌搞得足夠大，就有很好的效果。但搬進購物中心後，你沒法裝潢那麼誇張的店面，所以西貝的推廣幾乎

筆記10　餐飲通路案例──每一次通路的變化，都會帶來大量的新興商業機會

全部發生在購物中心。它在購物中心外牆打戶外廣告，告訴消費者這裡有一家西貝；它在購物中心裡面用掛旗和海報告訴消費者自己在哪層哪個門牌號；它在店門口還有聲音廣播，排隊的時候它就喊「I love 莜，西貝請您用餐了」，這就是它的廣告。

西貝從宴請餐轉做休閒餐，是一個重大的戰略轉型，這也讓西貝的營業額從 2009 年的 5 億元左右增加到 2022 年的近 60 億元。而這個戰略轉型就是基於餐飲通路的變化和消費形態的改變而發生的。

幾年之後的 2015 年，餐飲行業又面臨著一個大的通路更替，就是外帶平臺的崛起。我們可以這麼說，最早酒樓餐廳解決的是宴客和聚餐需求，購物中心通路解決的是休閒餐需求，而外帶則是解決了日常和工作餐的需求。這裡你可以思考一下，如果你是一個餐飲店的老闆，當餐飲的一個重要通路變成外帶的時候，你會根據這個通路的變化在 4P 的框架下做怎樣的調整？

比如產品，其實中餐的很多菜都不適合做外帶，或者說一做外帶品質就會下降。我過去很喜歡吃的一道菜叫拔絲紅薯，堂食如果是 90 分，做個外帶可能就不及格。所以商家就應該根據外帶的通路重新設計自己的產品、餐具和包裝，這就是通路變化，產品要跟著重新設計。雲海肴在外帶時代推出了一個新的品牌，叫刀小蠻半隻雞過橋米線。為什麼要做這個品牌呢？因為外帶首

先解決工作餐的問題，米線這種快餐就非常適合，它是一人一份的概念，有菜，有肉，有主食，而且米線這個產品不像麵條那樣容易坨，也是適合外帶的好產品。

後來隨著外帶的進一步發展，又誕生了更極致的純外帶店，這幾年又催生了像熊貓星廚這樣的共享廚房商業模式。

大部分熊貓星廚的選址，都是那種幾乎沒有人光顧的地下兩三層。比如北京日壇北門附近的一家熊貓星廚，就是在某個蕭條的購物中心的地下二層。這裡沒有任何自然客流，行走的人，除了各個入駐餐飲品牌的服務員就是外送人員。

熊貓星廚提供廚房，安全、衛生、防火等都符合監管要求。我有一個朋友就在熊貓星廚租了一間廚房，主要做烤雞加米飯。烤雞是一個操作極其簡單的菜，只需要大概 10 平方米的區域，一套烘烤設備外加一個操作廚師就行。這極大地降低了店租和員工成本，所以純做外帶是可以賺到錢的。

外帶的崛起，同樣給一些反應敏銳的餐飲品牌帶來崛起的機會。

比如扎根於北京的快餐品牌南城香，就抓住了外帶通路崛起的機會，著力發展外帶業務，現在南城香好多門市都可以做到外帶每個月都可以一萬單以上。茶飲品牌中的茶百道、廣州的比薩品牌尊寶比薩、西式漢堡品牌韋小堡，都是踩著外帶通路的崛起

筆記10 餐飲通路案例——每一次通路的變化，都會帶來大量的新興商業機會

發展起來的，它們正在用更多的精力去經營外帶通路。

商家在產品包裝上也在不斷進化。過去，外帶的盒子幾乎是通用的，就是那種方形或者圓形的外帶盒。後來人的連鎖品牌有了自己定制的外帶盒，麵粉餛飩類的可以做到湯麵分離配送，餃子可以做到間隔分裝，米飯類是飯菜分離，奶茶的配料可以單獨分裝，奶茶外帶袋還有便利貼，湯菜類也有了專門的保鮮膜封貼，等等，外帶的包裝都在不斷發展進步。

當然，餐飲目前能用的通路不僅僅是門市、購物中心和外帶，還有直播，比如羅永浩第一場直播帶貨就賣了奈雪的茶的現金券，團購、社群和私域流量、電商等也不能忽視。

你也可以用同樣的思考邏輯，用 4P 這個市場行銷組合來思考一下外帶時代餐飲行業的其他幾個 P，或者，認真分析一下你們公司的整個市場行銷活動。

通路變化在其他行業也可以看到一些很好的商業機會，同時出現了一些新的商業形態。比如隨著大眾點評這樣的網路平臺風行，原來街邊的按摩店就有很多靠網路平臺做生意了。上海有一家叫「按了麼」的養生品牌，它選址都在大樓高層，集客主要透過大眾點評或者自己的公眾號。成都的一家叫「常樂」的足療按摩店，也改變了原來街邊開店的模式，把自己的按摩店開進了購物中心，裝修簡潔、乾淨，服務更加標準化，吸引了大量年輕客

戶。愛彼迎這種共享住宿平臺出現後，中國就有大量的小型民宿依靠這種通路做生意了。

所以如果你在從事商業經營，一定要敏銳地觀察通路和消費形態的變化，這樣才能及時調整自己的產品形態以適應新的變化。而每一次通路的變化，必然會帶來大量新興的商業機會。

這兩年，直播已然成了新興通路的「黑馬」，它把推廣和通路兩個部分合二為一，這也許會極大地改變國內品牌行銷的方式和格局。至於未來會發生什麼具體的變化，目前還很難預測，但可以肯定的是，面對新的通路，將會有更多全新的品牌走出來。而這些新品牌一定是有效利用了新通路的種種優勢，並讓自己的品牌適應了這些通路的特點，才會發展起來的。

我在《顧客價值行銷》中曾經寫過，茶葉是一個極其分散的市場，中國還沒有品牌能做到年銷售額超過 20 億元。但是就在 2022 年，抖音有一個叫「丹妮茶葉」的帳號，一年茶葉的銷售額就超過 10 億元了，這是過去那些大型茶葉品牌用 10 年 20 年才能做到的業績。東方甄選也從直播間帶貨走向了建立自有品牌。叮叮懶人菜、瑞幸咖啡（濾掛式咖啡）等靠直播通路快速爆發的品牌，以及大量的知識付費機構，也透過直播獲得了大發展。

所以我相信，直播這種通路的興起，會帶來許多機會，也會

筆記 10　餐飲通路案例─每一次通路的變化，都會帶來大量的新興商業機會

由此出現不少新的消費品牌。

筆記 11

並不是所有的商品都能靠一種通路獲得銷售

企業經營上如果要抄作業,你應該抄最厲害的那個。

絕大部分品牌行銷書,都沒有涉及 to B 業務的案例和分析,因為通常的行銷方法和通路確實很難用到 to B 業務上去。to B 業務,簡單來說就是以企業為顧客的業務,比如大多數的生產代工企業,它們就是在為那些品牌企業提供服務,比如人力服務、工程施工、建築設計、生產加工、SaaS(軟體營運服務)、財務記帳、法律服務、企業培訓等,這些都是 to B 業務。小馬宋這種行銷諮詢公司,也是典型的 to B 業務。

我聊 to B 業務的行銷首先是想讓大家知道,並不是所有的商品都能靠一種通路獲得銷售。比如水泥,你不太可能靠電視廣告去做水泥生意。4P 雖然是個完備的行銷框架,但具體到一個真實的行業,它並不能提供具有針對性且有實際效果的指導,只能透過這個行業一線的行銷從業者去探索和實踐具體的方法。比如今天的 VR(虛擬現實)設備,我在 2015 年的時候就負責過

筆記 11　並不是所有的商品都能靠一種通路獲得銷售

暴風影音的 VR 眼鏡專案，8年過去了，我還沒有想到一個很好的文案向顧客簡單地解釋 VR 是什麼。當然，如果大部分人都使用過 VR 眼鏡，那我們就無須解釋 VR 是什麼了，就像我們不需要向顧客解釋蘭州拉麵是什麼一樣。

促成銷售的方法並不僅是傳統的廣告和通路，還有人員推銷、會議行銷、社群行銷、直銷、直播、電話銷售、代理銷售、經紀仲介等。保險主要靠經紀人成交，也有保險代理公司。美容院主要靠幾個大客戶養著，有人一年就消費幾百萬元，所以大客戶就特別重要。諮詢行業主要靠名聲、關係、人脈、口碑來成交。手機應用和遊戲，首先是通路，其次還要靠用戶裂變等。

我們在一開始就講過，通路就是促成商品交易和交付的所有參與者的總和。那麼，我們可以根據這個定義思考一下，促成 to B 業務產生交易以及交付的參與者都有哪些呢？

逮蝦記食品有限公司既是 to B 公司又是 to C 公司，to B 業務主要是蝦滑食材。它的客戶主要有兩種，一種是餐飲行業的火鍋品牌，另一種是銷售火鍋食材的專賣店或者流通終端。首先，逮蝦記有大量的銷售員，這些銷售員透過公司或者個人的關係聯繫到目標客戶，最終促成蝦滑食材的採購，從這個方面說銷售員就是逮蝦記公司內部的通路參與者。其次，逮蝦記可以尋找到蝦

滑食材的代理商，透過他們聯繫的目標客戶提供蝦滑，不過代理商就要賺一部分代理費用。再次，逮蝦記通常還會參加餐飲行業的供應商展銷會，這種行業大會每年也有不少，目標客戶的採購人員通常也會參加這類展會，有機會透過展會認識目標客戶，進而促成交易。最後，逮蝦記可以透過業內的媒體進行宣傳，不管是付費的還是主動報導的，這也是一個通路，比如《餐飲老闆內參》、紅餐網等專業媒體。此外，逮蝦記也可以建立自媒體，或者在一些原材料批發網站建設自己的店鋪產生交易⋯⋯等等。

當然，每種通路需要的核心能力其實是不一樣的。比如銷售員推銷，就需要對銷售隊伍進行成交培訓，通常需要銷售員具備極強的個人成交能力。再比如在抖音上做內容，就需要有效的內容生產和推廣能力。

不過請注意，通路部分很容易和推廣部分混淆。推廣部分我們將在下一部分專門講述，我這裡可以給你一個簡單的區分通路和推廣的方法。通路可以認為是一套組織，指的是參與分銷、促成交易和交付的各個公司或者個人參與者，它指的是機構、組織或者個人。推廣指的是促進銷售的各種行銷活動或者方式方法。比如早期逮蝦記透過東方甄選的直播來銷售，這就是一種推廣方法，而東方甄選這個組織則是逮蝦記的一個行銷通路；歐文萊素

色瓷磚在路鐵傳媒投放了一個高鐵站廣告，投放廣告這個行為本身是一種推廣，路鐵傳媒和歐文萊的廣告設計公司則算是通路（當然這不是通常認為的重要通路）；食族人酸辣粉在超市參加了收款台結帳加 1 元換購活動，換購就是一種推廣活動，超市是食族人的終端通路。

作為一家行銷諮詢公司，小馬宋也是一家做 to B 業務的公司，我在這裡詳細講講行銷諮詢公司的通路。

我在 2013 年創辦了「小馬宋」這個公眾號，逐漸成為廣告業內小有名氣的一個公眾號，也慢慢地有客戶找上門來請我發廣告或者提供一些策劃。2016 年，我覺得時機已經成熟，就從暴風影音離職並創辦了小馬宋戰略行銷諮詢公司。其實除了極少數幾家具有絕對壁壘的公司（茅台、愛馬仕、華為、輝達等），如何集客都是公司經營的頭等大事，而通路又是公司集客的重要組織體系。那麼，諮詢公司的行銷通路都包括哪些呢？

第一，公眾號。我靠寫公眾號獲得了個人聲譽，後來又把公眾號轉為小馬宋戰略行銷諮詢公司的官方公眾號。公眾號可以發專業文章獲得關注和影響力，文章包括企業經營、戰略、行銷、品牌和公司的案例覆盤。透過公眾號，我們每篇文章都附上了公司的操盤品牌和聯繫方式。在公眾號新增關注的歡迎語中，我們推送了私域的微信群。我們有自動的公號小助手來接待關於企業

業務的諮詢，有專門的連結文章介紹公司的業務。從我們的經營時間來看，過去至少有一半的客戶諮詢是透過公眾號過來的。所以至少在目前來看，公眾號依然是小馬宋這家公司獲得諮詢業務的第一通路。

其實公眾號這個通路並不新鮮，著名的戰略諮詢公司波士頓諮詢公司在創辦早期就有一個宣傳手段上的創新，它的一位早期合夥人說：「我們發明了商業理念的零售行銷方式。」這個創舉開啟了諮詢公司競爭模式的轉變：波士頓諮詢公司後來其實是在銷售商業理念，而不是靠公司的悠久歷史或資深合夥人的影響力去獲得業務。波士頓諮詢公司的這個創新就是廣為人知的《管理新視野》（BCG Perspective）期刊，它彙集了一些短小精悍的文章，主要內容是新的商業觀點或商業問題，期刊開本大小合適，能放到大衣口袋裡，便於攜帶和閱讀。

波士頓諮詢公司的創始人布魯斯・亨德森非常重視這本期刊，據說當時該公司平均每 6 個員工中就有一個專職編輯，亨德森本人也極其擅長寫作，而且風格犀利，他藉此在戰略和管理諮詢領域贏得了名聲。

我們經營公司，有很大一部分工作其實就是研究優秀的前輩是如何把公司做大的，比如波士頓諮詢公司的發家史，《管理新視野》就起到了非常重要的作用。放到今天，其實就是要把你公

司的思想影響力擴散出去，公眾號就是我們公司早期最重要的影響力擴散平臺。

第二，其他自媒體平臺。其實公眾號也是自媒體平臺，我之所以把公眾號單獨拿出來說，是因為公眾號更適於建立個人專家形象，但是其他自媒體也同樣可以成為業務通路。說實話，這些平臺主要還是為了建立小馬宋的專業影響力，在上面發內容就是一家 to B 公司的推廣活動，但從通路的定義看，所有的自媒體平臺都是我們的集客通路。我們不能指望一個平臺長盛不衰，所以也需要在不同的平臺布局，持續保持公司和我個人的影響力。

我從 2019 年開始做了一段時間抖音，用半年時間吸引了 20 多萬粉絲，並很快做到了影音號粉絲數全網前 100 名。如果那時我專心做這兩個平臺，或許小馬宋將會是一個挺大的帳號。但因為那時客戶的諮詢業務太多，公司也沒有很得力的同事，加之我認為抖音上沒有潛在客戶，所以我就放棄了更新。

2022 年 5 月初，劉潤老師邀請我在他的影音號做直播，那一場直播現場觀眾達到 18 萬，平均觀看時長有十幾分鐘，而且有客戶因為看了直播來跟我們簽約，這讓我認識到直播的威力。加上那一年公司業務也不是很好，所以 2022 年「五一」過後我就開始重點做短影音，主要是影音號、小紅書和抖音。除了短影音，截至 2023 年 5 月，小馬宋的新媒體矩陣還包括公眾號（54

萬粉絲），得到知識城邦（14萬粉絲），小宇宙及蘋果播客（加總近10萬粉絲），知識星球（1.2萬付費會員），小馬宋的讀書分享群（80多個群），微博（4萬多粉絲），個人及企業微信（3萬多朋友）。

第三，演講和講課培訓。我經常會接到一些行業大會或者培訓機構的邀請，去做演講或者培訓。這些行業大會和培訓機構的參會人員或者學員基本上都是企業高管或者老闆本人。2020年，有個客戶給我打電話，說想請我們做一個諮詢，我問怎麼瞭解到我的，他說2013年聽過我在某個行銷培訓機構的講課，後來就一直關注著。所以，諮詢公司的業務其實就是慢慢養，養客戶，養業務，養口碑，等到客戶有需要的時候，自然就會找你了。

第四，廣告。我這裡說的廣告指的是所有付費的推廣行為。機場、高鐵、商業中心區的媒體等，都是諮詢公司目標客戶比較集中的地方，是可以適當做一些廣告的，當然是在實力允許範圍之內。也有一些同行會在百度之類的平臺買一些關鍵詞去做公司的推廣。不過在廣告上，我們並沒有花很多錢，一來公司的經營規模不是很大，二來我們有比較好的集客通路，所以暫時沒有考慮做傳統廣告。我預計在公司營業收入達到1億元的時候，會在傳統通路持續投放我們公司的廣告。

第五，寫書。寫書其實就是傳播自己的思想，這跟寫公眾號文章的作用是相同的，也就是波士頓諮詢公司所謂的「銷售商業理念」的業務。但寫書比寫公眾號文章的儀式感要強很多，而且書作為一個媒介，它更加正式、莊重，比普通網路媒體更有價值感，這也是傳播學奠基人馬素・麥克魯漢講的「媒介即訊息」。書作為一種傳播媒介，本身就自帶一種訊息，尤其是當年選擇了一個信譽良好的出版社，並且在正規大書店出售的時候，這種媒介對你的品牌和思想的加持是相當強大的。

我在 2022 年出版了我的《顧客價值行銷》，此後這本書的影響力就一直延續，出版幾個月後，陸陸續續有讀過此書的管理者找到我們洽談業務。所以出版社、編輯、圖書銷售通路本身也是我們的一個行銷通路。

第六，其他產品。我們公司除了諮詢服務，還有圖書出版、青年行銷訓練營。2023 年，我們還第一次舉辦了小馬宋七周年案例發布會，超過 300 人付費（普通票 2999 元，VIP 票 8800 元）參加了整整一天的發布會。未來，我們還會開發線上行銷課程、私董會等產品。這樣，我們就把集客方式也做成了一種產品，既能獲取收益，還能宣傳公司。

第七，分銷商。諮詢公司也可以有分銷，我們確實也嘗試過使用分銷，但不是很成功。曾經有些機構提出成為我們諮詢業務

的代理機構，他們去跟目標客戶談，如果成功簽約可以賺取一定的佣金。但我們沒有使用過這樣的代理機構，倒是有少數幾個熟悉的朋友說可以介紹一些業務，我也答應過他們可以拿到一定分成，這簡單來說也是一種業務代理通路。實際上，這幾個朋友也沒有談成過任何單子。我知道有些諮詢公司是能透過這種代理機構獲得業務的，這也是他們一種重要的行銷通路，但至少在我們這裡行不通，這兩年我們再也沒有考慮過招業務代理的事。

第八，特許經營。這在諮詢行業比較少見，不過也有人這麼做過。 2022 年，國內管理諮詢領域規模第一的和君諮詢就公開發布過合夥人招募新聞，我看它的合夥人的條件，就是一個和君的品牌授權加盟機制。授權加盟，這在線下連鎖品牌中非常常見，但是諮詢行業不是很常見。加盟商也可以被認為是諮詢公司的一種通路組織，尤其是授權的區域合夥人，本質上就是在尋找當地有人脈關係和影響力的個人或者機構，再結合諮詢公司的品牌影響力來獲得諮詢業務。至於這個通路形式效果如何，目前不得而知，國內並沒有很多的商業實踐，我們可以觀察幾年再說。

第九，比稿或者投標。我不是很確定這個獲得業務的方式該如何解釋，如果是一種通路，那它的參與者相當於是你的潛在客戶或者客戶的採購部門。比稿或者投標這件事很重要，它本身是 to B 型公司的重要業務推廣方式，在這裡，招投標雙方共同構成

了促成交易發生的通路方。

今天，國內絕大多數的政府專案，以及絕大多數正規的上市公司或者規模型公司，在進行業務採購時幾乎都需要招標。企業應標去獲得業務，已經成為最正常的集客方式或通路之一。

小馬宋歷史上有過一次業務投標，而且是失敗的。自那次投標失敗之後，我們就再也沒有做過任何一次投標或者比稿。

以上就是我總結的諮詢公司的集客通路，當然，為了讓大家更清楚諮詢行業的集客方式，我也列出了一些我們沒有做，其他公司會做的一些方式。其實通路方式大家都差不多，重要的還是你的執行能力和執行效率。所以你也會看到，不同公司擅長的方式不一樣，但宗旨就是發揮各自的優勢，找到最有效的集客通路並堅持下去。

我在諮詢經歷中，經常會被客戶問道：你們是 to B 的業務，怎麼才能有效找到客戶並產生銷售？

to B 的客戶是專業客戶，通常會比普通消費者更瞭解行業訊息，所以很難產生訊息不對稱。它們對產品的品質和技術的甄別能力也很強。真正做得好的 to B 企業，要嘛就是具有極強的技術壁壘，比如華為的通信設備和技術、高通和英偉達的芯片、比亞迪的刀片電池、孟山都的基因育種等，都屬有強大技術壁壘的行業；要嘛就需要強大的成本優勢，比如在原材料供應、普通製

造加工行業，如果你能做到成本低、品質好，那當然會有優勢，通常這種優勢是建立在企業規模或者技術創新之上的。

當然還有大量中型企業，它們在技術和成本上都沒有什麼優勢和壁壘，這也是絕大多數 to B 企業的真實狀況，那就只有去拚業務員的銷售效率或者其他方面的執行能力了，比如你比同行更善於做短影音的內容推廣。

對於一個普通的 to B 企業，如果還不知道該怎麼做，那你就找業內做得最好的公司，看一看它們是怎麼做的。

通常我說到這裡，有些客戶還是一臉矇，不知道該怎麼把 to B的業務做好，如果你連學習別人的能力都沒有，那我覺得你真的不適合經營企業。

✏️ 金句收藏

1. 賣不出去，設計和生產就變得毫無意義。
2. 推廣，解決的是和消費者的溝通問題，即你什麼好東西，你要讓顧客知道並瞭解。
3. 所以，在今天這個物資豐沛的時代，我給創業者最重要的提醒就是：在創業之前要想好怎麼銷售的問題。
4. 通路的核心和關鍵，是要對所有參與者進行維護、組織、監督、合作、任務分工和利益分配。
5. 如果你覺得開拓銷售通路很難，那就不如回去好好做產品，走 to B 的商業模式。
6. 如果一個人想創業做一家公司，除了產品，優先考慮的應該是通路，因為通路能力幾乎決定是創業公司的生死。
7. 線下通路不僅僅是鋪貨點數量問題，還要具備讓線下銷售點有銷售動能的能力。

8. 所以一個從事行銷的人，一定要放下身段，到最真實的現場去看、去觀察、去實踐，才能從一個行銷人轉為一個行銷實戰專家。
9. 其實，從實際經營結果看，反倒是租金越高的地方店鋪經營的成功率越高。
10. 成交的關鍵就是通路，因為通路本身就是交易發生的地方，讓交易發生的人，促進交易發生的方法的組合。
11. 你看，通路不同，會導致空能和價值不同，功能和價值不同又導致產品不同，產品不同又導致定價不同，然後推廣方式也就不同。
12. 書作為一種傳播媒介，本身就自帶一種訊息，尤其是當年選擇了一個信譽良好的出版社，並且在正規大書店出售的時候，這種媒介對你的品牌和思想的加持是相當強大的。

PART 2
推廣

筆記 12

4P 中「promotion」的準確含義

雄孔雀的開屏會耗費它極大的能量,但這種能量耗費是值得的,因為開屏吸引來了它想要的雌孔雀。

我們正式進入 4P 的最後一個 P——推廣,其實推廣這部分才是大部分人對行銷的認知。

我們先講一講「推廣」的英文單詞「promotion」,過去很多行銷教科書把它翻譯成促銷,我認為不太準確。當然這也是翻譯會普遍遇到的問題,不同語言之間總會有一些詞不能完全對應。我說這個翻譯不太準確,是因為我們對「促銷」這個詞的理解不同。漢語中的「促銷」,最通常的理解就是讓利銷售,但是英語中的「promotion」並不僅僅是這一個意思。威廉·尼克爾斯所著的《認識商業》中是這麼定義促銷的:促銷(promotion)是賣方用來告知並鼓勵人們購買其產品或服務的所有技巧。促銷活動包括廣告、個人銷售、公共關係、推廣、口碑(病毒式行銷),以及各種促銷手段,如優惠券、點數回饋、

筆記 12　4P 中「promotion」的準確含義

試用包和打折優惠。

你會發現，這個定義有個很大的語言邏輯問題，你看，他說促銷就是「廣告 + 銷售 + 公關 + 推廣 + 口碑 + 各種促銷」，促銷怎麼能等於各種方法加促銷呢？這不就是循環定義嗎？所以，在這個定義中，要解釋的「促銷」定義和定義中出現的「促銷手段」的「促銷」其實是兩個不同的概念。

我寫過很多篇關於 4P 的文章，對「promotion」這個詞的翻譯也是反反覆覆，「促銷」、「推廣」、「傳播」、「促進銷售」，我都用過，我個人認爲「促銷」顯然是不合適的。「促進銷售」這個詞雖然準確一些，但又不常用，「傳播」的意思也並不完全符合。所以在這裡跟大家確認一下，在講「promotion」這部分時，我們就翻譯成「推廣」好了。至於你今後習慣叫促銷、推廣還是傳播，都不重要，因爲語言天生就有局限性，你只要心裡明白就好了。我借用一下尼克爾斯對促銷的定義，對推廣下一個定義：推廣是賣方用來告知並鼓勵人們購買其產品或服務的所有技巧、方式和方法。推廣活動包括廣告、個人銷售、公共關係、展會、裂變、直播，以及各種促銷手段，如優惠券、點數回饋、滿額折扣、試用包和打折優惠等。

你想讓自己的商品更快地銷售，就需要開展和實施各種各樣的推廣活動以達成這個目的。

銷售真相

廣告傳播這個行業其實有很多不同類型的公司，它們各自協助企業完成了促進銷售的不同事項，這些公司包括廣告公司、公關公司、活動公司、媒介投放公司、社會化傳播公司、影視製作公司等。但你不要誤解，以爲企業的市場行銷人員也這麼分工，在實際工作中，市場行銷的分工是很靈活的，而且每個企業促進銷售的手段和方式都各有側重，並不需要樣樣精通。

大企業大品牌的市場工作內容多、任務重、預算多，分工較爲細緻。小企業以及初創企業，不可能也沒必要分別雇用廣告、公關、媒介等專業人員，甚至好多初創企業的行銷人員都是創始人或者其他員工兼任的，在市場部的人員設置上，有許多可以靈活調整的地方。

不同的行業，不同的階段，推廣的重心也是不同的。

比如逮蝦記，早期主要做蝦滑的原料供應，以供應全國各大火鍋品牌。那它促進銷售最有效的辦法就是在餐飲行業媒體做廣告、提供贊助、參加行業展會和個人推銷。

再比如元氣森林，它促進銷售的手段就不同了。作爲一個銷售規模有幾十億元的快消飲品，最重要的通路是線下（線上的貨值太低，運輸費用高，不划算），要想促進銷售，可用的方法就包括 TVC（商業電視廣告）、賣場折扣、大量陳列展示、試喝、促銷員推廣，或者配合一些流量主播的直播推廣。

筆記 12　4P 中「promotion」的準確含義

　　如果是一個餐飲企業呢？餐飲企業受到地理位置的限制，它很難突破 3 公里的消費半徑（這要看具體情況，一般工作餐和快餐的銷售半徑是步行 10 分鐘左右，差不多是 500~1000 米；正餐和休閒餐的消費半徑大概是交通工具 30 分鐘之內，一、二線城市約在 5 公里之內；宴客餐的消費半徑一般在 10 公里以內），所以餐飲品牌促進銷售的方式也有其獨特性。

　　首先是地理位置的局限性，所以它的戶外廣告一般是所在商場的周邊，比如商場周圍的公車站牌、社區廣告、商場外牆、商場內吊旗等。如果是做網際網路廣告，往往就是選擇本地媒體或者 LBS（基於地理訊息來投放廣告），比如微信朋友圈廣告可以準確投放不同的商圈廣告，也可以是本地的小紅書、抖音博主的探店廣告，當然還有傳統的發傳單。

　　其次是接待能力有限。餐廳的座位就那麼多，所以不會大規模做廣告，否則它接待不過來。

　　最後，餐飲行業的店面招牌是最核心的傳播方法。店面同時承擔了廣告和招攬的功能，而且餐廳店面招牌將宣傳和購買合二為一，而不是像傳統廣告那樣，宣傳和購買是分離的。

　　餐飲行業可以用到的促進銷售的手段，除了廣告，還有優惠券、會員加值當日免單、當日特價菜、飲料或小吃免費、滿額折扣、分享有優惠等各種方法。

銷售真相

你找到或者打進一個強大的通路，本身也是一種強有力的推廣方法。比如圖書，圖書的推廣比較特別，因為過去這些年，圖書的銷售越來越依賴強勢通路的推薦。通常一本普通的書，首印數是幾千，而這幾千冊幾乎就是這本書的最終銷量。賣到 1 萬以上的書，銷量還說得過去，而賣到 5 萬，就可以認為是暢銷書。現在傳統書店的銷售日益下降，直播帶貨對書的影響卻越來越大。著名商業諮詢顧問劉潤老師進入東方甄選直播間對話，他撰寫的《底層邏輯》一書在直播間 1 小時就銷售了超過 3 萬本，這比絕大部分圖書一年的銷量都多。這幾年，也有少數新興品牌靠著跟大主播簽訂了獨家協議而獲得了非常高的銷量。所以找到並打進強勢通路，本身就是一種推廣活動。

通路會提供購買的流量，而推廣則提升流量和轉化率。

比如沃爾瑪是一個通路，沃爾瑪提供了相對固定的客流量，而入駐沃爾瑪的品牌，透過在沃爾瑪周邊小區打促銷廣告，或者是 LBS 的線上廣告，或者是在沃爾瑪現場試吃、降價促銷，就可以拉到更多的客流，促成更多的銷售。

幾年前我拜訪過著名的線下乾果零售品牌粒上皇。他們的主打產品是炒栗子，還有其他乾果零食，生意非常好。之所以生意好，除了產品好、位置選得好，還有一個重要原因，就是他們門市現場的推廣做得非常好。粒上皇內部有個說法，叫作現場促銷

筆記 12　4P 中「promotion」的準確含義

三大法寶：喊麥、試吃、買一斤送半斤。我當時在廣州北京路的粒上皇感受過他們的現場推廣，真的是很有效。

喊麥，就是員工站在店門口用小喇叭招呼客人，如果你經常逛街，一定對此很熟悉。大聲又熱情的喊麥，會創造一種店鋪的熱賣感，並且能傳播店鋪的訊息，比如銷售品種、優惠訊息等，讓路過的顧客更容易進店。

試吃就是在店門口放試吃台，路過的顧客可以隨便試吃。通常免費試吃有兩個作用，一是顧客嘗試之後感覺到真好，會促進他們購買；二是試吃提供了一個讓顧客停下腳步的理由，你可以趁機向他們介紹店裡的產品或者服務，顧客也因為占了你的便宜而覺得不好意思，他們至少願意進店多逛一逛，這通常就會產生購買。

買一斤送半斤，就是明晃晃的優惠活動，拿店裡一款最大眾的產品（如現炒瓜子）來做活動。不管窮人還是富人，看到現成的優惠都會產生購買的衝動。

你和一個超級主播談好了直播帶貨，主播自己是有流量的，那品牌方是不是就可以不做工作了？也不是，品牌方可以透過抖音、快手或者淘寶去投放廣告，為自己的這場直播拉流量。這種廣告又分為預告廣告和直播進行中的投流兩種。其實有影響力的主播在直播帶貨時，自己也是要投流量廣告的。

123

通路與推廣,是銷售的核心。

通路能力強的企業,只須找人代工,就能把產品分發銷售出去,因為它們積累了快捷的銷售路徑。我就見過一些做傳統批發和代理零食類的通路商,他們找工廠代工一些時髦的零食產品,隨隨便便一年就有數千萬元的銷量,而且他們不做廣告和推廣,只透過通路鋪貨就可以做到。

有些推廣能力強的企業,擅長流量廣告的精準投放,在線上就可以做到全國銷量第一。比如做香氛的尹謎,其出貨量在電商是全網第一;做裝飾掛鐘的美世達,甚至占據了掛鐘市場近一半的銷量。類似的還有做漱口水的參半,做平價醬酒的遠明老酒,做不沾鍋的中科德馬克,做茶葉的丹妮茶葉……等等,都是行業裡頂尖的企業。其實這些品牌沒那麼知名,銷量卻很驚人,利潤也很可觀。

還有些企業擅長品牌影響力的打造,這種企業很會為品牌造勢。比如過去幾年非常紅的新消費品,先不說它們現在的經營狀況如何,你得承認它們的品牌造勢能力很強,可以透過短時期的推廣讓品牌產生很大的知名度和關注度,從而讓各個通路爭相進貨或者代理。不過其中有些企業在產品設計、定價和企業經營層面存在很多問題,雖然名氣很大,但經營上漏洞百出,無法實現盈利。其實如果能把經營邏輯想清楚,加上出色的品牌推廣能

力,是很可能會產生優秀品牌的。

我在《顧客價值行銷》中強調了產品和定價的重要性,其實對絕大部分企業來說,產品沒有太大差別,更重要的是通路和推廣能力。通路和推廣是銷售的關鍵所在。

如果產品強,定價合理,通路和推廣又給力,那做成一個大品牌就只是時間問題了。

筆記 13

推廣就是讓顧客產生記憶、購買和傳播

任何品牌都面臨兩個難題:第一是品牌知名度永遠都不夠,第二是經費永遠都不夠。

儘管我們說的推廣有各種各樣的形式,廣告是推廣,打折是推廣,試吃是推廣,發朋友圈是推廣,直播是推廣,新聞報導也是推廣,但推廣的目的其實很簡單,就是讓顧客產生三個行為:記憶、購買和傳播。

第一個行為:記憶

所有的傳播,都希望顧客能記住一些「必要訊息」。比如瓜子二手車的電梯廣告,顧客看完後就會記住「沒有中間商賺差價」;看完元氣森林的廣告,就會記住「零糖零脂零卡」。即使是一條效果廣告,顧客肯定也是接收到了某些訊息,比如某電商網站打一條廣告「百億補貼正在進行,蘋果手機××××元」,顧客可能不會立刻點擊購買,但也會記住「百億補貼」這

種核心訊息。

　　一條由企業付費、由新聞媒體或者是自媒體發布的有關該企業的新聞，也是一種推廣方式，早期紙媒新聞時代，這種稿件被稱為「軟文」。當一個讀者瀏覽了這條新聞，或者多次瀏覽有關這家企業的新聞之後，他就會形成對這家企業或者這個品牌的某些印象。國內市場常常出現一些「網紅」新消費品牌，這些新消費品牌通常會買大量的媒體軟文，這也是一種「紅」的方式。當文章鋪天蓋地的時候，大家就會記住這個品牌，會覺得這個品牌現在很紅、很受歡迎。

　　閱讀這些文章的讀者中，有的是顧客，有的是投資人，有的是潛在的經銷商。它會影響顧客的購買行為，也會影響投資人的購買行為，只不過投資人購買的是股權，也就是對這家公司進行投資。經銷商受到影響後，也有可能來加盟，這本質上也是一種購買行為，他們買的是這個品牌的代理權或者加盟權。如果你是做投資的，或者想加盟一個品牌，千萬不能受這些報導的影響，而應該謹慎地考察這家品牌究竟有沒有競爭力。

第二個行為：購買

　　剛才講的記憶這個話題，實際也涉及購買行為。顧客看到推廣的訊息之後，除了記住某些內容，還會產生購買行為（立刻購

買或者日後購買）。推廣本質上是一種訊息推送服務，顧客看到後，就會在頭腦中儲存一個關於該品牌的訊息包，這個訊息包是經過品牌方設計的，就是我們說的記憶訊息。小馬宋的對外廣告是「小馬宋真的懂生意，方案能落地」，其中的訊息包括了公司名稱和公司特點。這個訊息包必須足夠簡單，保持一致，不斷重複，客戶才容易記住。當客戶有行銷諮詢需求的時候，他腦子裡就會調出存儲的訊息包，要嘛直接搜索小馬宋公司訊息聯繫合作事宜，要嘛列出幾家他記住的公司名單，挨個去談判考察，以決定與哪家公司合作。

所以，記憶的最終導向還是希望顧客購買。

有些推廣可能要持續很久，才會產生購買行為。與小馬宋公司簽約的很多客戶，其實知道小馬宋這家公司好多年了，有的是看過我的公眾號，有的是看過我寫的書，有的是聽過我講的課，這些動作都可以算是小馬宋這家公司的推廣行為，只是它們的回報周期比較長，3年、5年甚至10年以上都有可能。

當然有些購買行為就很快，顧客看到一家餐廳，可能立刻走進去吃飯；顧客看到一條推廣商品的短影音，也可能立刻點擊下單。顧客為什麼會產生購買行為？是因為品牌推廣提供了打動顧客的訊息和內容，總結下來大概有這麼幾種：

第一，匹配了顧客的需求。比如一個顧客腳臭，你恰好發了

一條「不會腳臭」的襪子，他很可能會立刻下單。夏天來了，家裡太熱，顧客需要空調，這時候你的廣告恰好推送到了顧客那裡，他也很容易下單。

第二，激發了顧客的需求。一個顧客本來並不打算買麵包，但你發的影音上的麵包看起來實在太好吃了，他也會下單。我們最近常說的所謂內容電商，常常會激發顧客的需求，而這種需求本來不是他計劃中的。

第三，進行了消費提醒。有些需求是顧客潛在的，只是他並沒有意識到，廣告此時就會產生提醒的作用。比如顧客過去經常光顧一家餐廳，但很久不去了，一旦在短影音上看到這家餐廳上新菜了，他就被提醒了，很可能會再次光顧這家餐廳。我每到節假日都會收到很多品牌贈送的禮物，其中有個賣豪車的，叫老紀，他一年透過私域賣豪車能賣幾十億元。他逢年過節會發出大量的禮物，這些禮物未必很貴，但是都很用心，有巧思。這個送禮物，其實就是一次消費提醒，讓收禮者想起，朋友圈還有一個賣豪車的人，如果恰好有需要，很可能就會產生購買。據說老紀每送一次禮物，都會有幾百萬元的訂單產生。

第四，讓顧客感覺占了便宜。絕大部分促銷活動不是因為顧客現在就需要這個商品，而是顧客覺得這次活動優惠力度很大，他會產生購買行為，所謂囤貨就是這樣的。顧客一旦囤貨，就會

對後期很長時間的購買產生影響。

以顧客立刻產生購買為目的的推廣占了今天推廣活動的大多數，也發展出了一系列提升推廣有效轉化率的方法，我們在超市隨處可見的打折促銷、一元加購、試吃促銷、買一送一等都是這樣的推廣活動。而短影音平臺的達播（主播帶貨）、店播、直播剪輯、「種草」、直播，電商平臺的搜索引擎優化、直通車、淘寶客，等等，都是以顧客直接購買為目的。因為形式太多，平臺規則變化很快，這種提升轉化率的方法需要根據實際情況不斷修正改進，一切以實際操作為準，理論總結和方法論總結總是落後於現實。

第三個行為：傳播

一個企業進行推廣，如果僅僅是單方面的推廣活動，費用是驚人的；如果能讓顧客也參與商品的推廣和傳播，那企業就可以節省海量的推廣費用。

我們寫一句廣告語，不但希望顧客能記住，還有一個很重要的思考，就是希望顧客在給朋友介紹的時候，也使用這句廣告語。比如雲耕物作紅糖薑茶的廣告語「紅糖好不好，先看配料表」，這個就有助於顧客再次傳播。顧客明白了你的配料是好的，他們向自己的朋友或者同事介紹雲耕物作時，也會使用同樣

筆記 13 推廣就是讓顧客產生記憶、購買和傳播

的廣告語去介紹。所以廣告口號不僅僅是我們說給顧客聽,還要讓顧客說給別人聽。

過去,廣告語至關重要,因為品牌的傳播主要靠廣告。今天,推廣手段越來越多,有越來越多的方法讓顧客產生傳播行為。

比如一個品牌拍了一條很有意思或者很能打動人的短影音,那觀看者就會主動轉發到自己的朋友圈、微信群或者微信朋友那裡。過去我們寫廣告口號要儘量簡短好記,是希望顧客能記住並傳播,但是今天的手機已經成為人類非常重要的外部「器官」,它讓人類的傳播和記憶能力大大加強,所以有時候人們不需要記住也可以傳播,因為手機有收藏和轉發功能。

得到 App 的課程,用戶看到好的內容可以劃線轉發,分享給朋友閱讀,這是 App 的功能設計,方便顧客幫你傳播。微信有大量的裂變方式,包括商家也有許多拼團組團特價購買的方式,這些都是讓顧客幫你傳播的方法。今天讓顧客傳播做得最好的實體之一是瑞幸咖啡,瑞幸咖啡的「請朋友喝咖啡」功能被使用到了極致。

「熊貓不走蛋糕」(以下簡稱「熊貓不走」)在早期推廣中就最大程度地利用了顧客的傳播行為。熊貓不走是線上下單線下送貨,而且生日蛋糕有相當程度的本地生活屬性,這就需要熊貓

不走有大量的本地線上推廣能力。

　　早期，熊貓不走透過本地公交、電梯等廣告的配合，在本地的主要商圈做線下實體推廣。推廣形式其實很簡單，就是現場送熊貓公仔和生日蛋糕。只要關注熊貓不走公眾號並生成一張傳播圖片，將這張圖片群發200個朋友，就可以免費獲得一個熊貓公仔。如果朋友足夠多，群發給600個好友，就能免費獲得一個生日蛋糕。這種看起來簡單的推廣方式卻相當有效，尤其是在三、四線城市商圈。熊貓不走在2018年做線下推廣，平均0.7元就獲得一個粉絲，獲得50萬粉絲，成本也不過30多萬元。當獲得一定量粉絲之後，它就可以在線上集客並銷售生日蛋糕了。

　　在熊貓不走的案例中，顧客的傳播起到了至關重要的作用。

筆記 14

行銷推廣活動「三角」：場景、內容和形式

如果你想釣魚，就要到魚多的地方去釣。

所謂推廣，就是讓你的潛在目標顧客接收到你想要發送的訊息，進而產生你想要的行動。一個推廣活動包含了推廣場景、推廣內容和推廣形式三部分，一個優秀的推廣活動就是在這三個部分做到了極致，從而獲得極高的性價比。

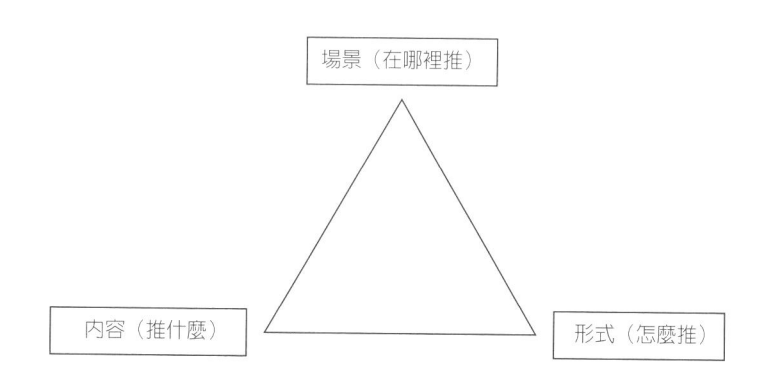

行銷推廣活動的三角結構

（場景（在哪裡推）／內容（推什麼）／形式（怎麼推））

銷售真相

足力健老人鞋創立於 2013 年，因為是針對老年群體的商品，足力健早年主打央視和各地衛視，因為許多老年人喜歡看電視，而且他們對電視臺的信任度是非常高的。同時老年人不太會用網路購物，還是喜歡電視購物、電話購物或線下店直接購買。所以足力健早期的廣告，主要投放在央視各個頻道和各地方衛視，並且在線下大規模開設專賣店。其中北京衛視的《養生堂》是老年人最愛看的節目之一，當時足力健在《養生堂》的投放獲得了極高的回報率。足力健創始人張京康在接受採訪時就說：「中國有很多老年人愛看《養生堂》，我在上面冠名三年，是別人花十年才能達到的效果。」

足力健早年在電視購物上的廣告投放，據說有 1：10 的回報率。同時，足力健當時簽約了在《渴望》中飾演女主角劉慧芳的演員張凱麗。《渴望》當年在電視臺播出時萬人空巷，當時的觀眾就是今天足力健老人鞋的目標群體，所以這個代言人選得非常好。另外提一句，今天在影音號賣護膚品，只要趙雅芝出來直播帶貨，銷量就會噌噌往上漲，因為影音號的主要受眾群體的「女神」就是趙雅芝。

足力健的廣告內容也很簡單直白，據說是張京康和副總裁李仲頤在一個小山村裡反覆磨出來的廣告詞：不擠腳，不怕滑，

筆記 14　行銷推廣活動「三角」：場景、內容和形式

不累腳。當然還是有人覺得這句廣告詞太俗、太直白，但創始人張京康非常理解推廣的本質，就是要讓顧客一看就懂，所以他說：「確實沒有科技感，沒有端著的感覺，但老百姓一聽就知道是他們想要的東西。」

央視、衛視、超市、專賣店就是足力健推廣的場景，推廣內容主要是張凱麗代言的簡單直白的廣告，推廣形式就是電視廣告＋電視購物＋線下專賣，這樣的黃金組合讓足力健像火箭一樣，幾年時間銷售額就從 0 增長到 40 億元。

場景，就是在哪裡推；內容，就是推什麼；形式，就是怎麼推。正確地解決了這個問題，推廣就能無往不利。

我在《顧客價值行銷》中講過當年搜狗輸入法的推廣。

早年的搜狗輸入法在首次發布後，第一年的下載量並不樂觀，市場份額只有 3%。第二年，當時搜狗輸入法的產品經理馬占凱找到了一個網際網路野蠻生長時期特別有效的場景：番茄花園。番茄花園是一個軟體下載網站，成立於 2003 年，後來因法律原因被關閉。番茄花園網站當時的主要業務就是為網民提供某種計算機操作系統軟體的下載，而這種操作系統正是番茄花園透過修改 Windows XP 系統之後形成的版本，叫作番茄花園版本。

這個版本取消了微軟的正版驗證程序，並關閉或卸載了原版操作系統中一些不常用的功能，由此獲得了大量用戶。番茄花園版本透過內置和捆綁其他裝機軟體獲利，操作系統捆綁後相當於是「系統自帶」。這些軟體的使用率和留存率都特別高，就像現在的手機內置 App 一樣。搜狗輸入法初期為數最多的用戶就來自這裡，而這也是搜狗輸入法早期最有效的推廣方式。

在這裡，場景就是番茄花園，內容就是搜狗輸入法的軟體本身，形式就是內置在操作系統中，成為裝機軟體（番茄花園當時的行為屬違法，後來被查出）。

菲詩蔻是一個澳大利亞進口品牌，它們做頭皮養護的產品，包括洗髮精、髮膜、精油等。菲詩蔻進入中國後成立了負責中國市場的辦公室，當初負責菲詩蔻在中國市場推廣的品牌總監發現了一個場景紅利，就是快手的達播。所以當幾乎所有日本品牌的洗護品都在天貓、小紅書、抖音的時候，菲詩蔻利用快手的達播快速增長了起來，吃到了一兩年的紅利。

2019 年左右，阿芙（精油）發現微信朋友圈投廣告的轉化非常好，就組建了一個小團隊專門負責朋友圈的市場拓展。當時他們是怎麼做的呢？先在朋友圈投廣告，主要內容就是免費贈送阿芙精油或者護膚品，感興趣的用戶就會點擊阿芙公眾號的連

筆記 14　行銷推廣活動「三角」：場景、內容和形式

結，透過一系列提示操作，用戶要完成關注、做簡單任務、加私域微信、領免費試用品等一系列操作，最後用戶沉澱到了微信公眾號和私域，阿芙就透過各種方式激發用戶第一次購買。

通常網路平臺的紅利期都非常短，甚至在網路平臺上某些廣告形式的紅利期也非常短，所以各個品牌如果發現了這個紅利，就會努力將之隱藏。

行銷中的推廣活動說起來很複雜，其實總結下來，就是要找到潛在客戶最常見的場景去做推廣，設計最能打動客戶的推廣內容，以及有效的推廣形式。

如果你在辦公大樓附近開健身中心，那你可以拿傳單到辦公大樓去掃樓（挨個辦公室發傳單）；如果做課外培訓，你就可以在學校放學的時候去做推廣。某眾籌平臺是一個做重病眾籌和保險業務的公司，公司創立之初，為了找到目標客戶，他們就是到醫院的腫瘤科蹲守，發傳單，做宣傳，一個一個線下陣地推廣下來的。

2002 年，我在《經濟觀察報》短暫地工作過一年時間，當時中國的商業報紙剛剛興起，發行量最大的是《中國經營報》（1985 年創刊），那時候大部分中國企業高管都會買《中國經營報》來看。《經濟觀察報》創刊於 2001 年，那怎麼才能找到商業類報紙的讀者並做有效的推廣呢？

其實說起來也很簡單,只不過是個笨辦法。當時報紙的銷售通路很單一,除了訂閱,就是在書報亭購買。《經濟觀察報》負責發行的人就雇了很多大學生,在書報亭附近蹲守,只要發現有人買《中國經營報》,他們就會上前送上一份《經濟觀察報》,這些讀者讀完覺得報紙不錯,也就會購買了。

我聽於冬琪老師講過一個某外帶平臺甲在新疆烏魯木齊搶市場的故事。當時烏魯木齊市場是另一外帶平臺乙的天下,甲與乙的市場份額占比是 1:9,乙占明顯優勢,而且投入重兵,還有大量補貼。甲在烏魯木齊市場的城市團隊人數不到乙的一半,推廣資金也少得多,那怎麼辦呢?

甲使用了最精準但是看起來「最笨」的方法,就是利用其推銷團隊強大的執行能力。那時候餐館裡都是乙的訂單,因為也是剛開始做外帶,餐館老闆們業務不熟練,打包忙不過來。甲的員工就到餐館裡幫老闆打包乙的外帶,但是偷偷放進了甲的傳單,這就是在對手的地盤裡直接搶市場。

再舉一個例子。

電動車的銷售,主要透過全國成千上萬的線下專賣店。愛瑪電動車早期主要透過電視廣告、城市戶外廣告、農村刷牆廣告等傳統方式來做推廣。最近幾年,愛瑪在抖音的推廣就非常高效,根據愛瑪首席品牌官莫炫的說法,愛瑪市場部聯合愛瑪全國幾萬

筆記 14 行銷推廣活動「三角」：場景、內容和形式

家專賣店店主，能推出 1~2 萬條短影音，播放量過億，可獲得大量的銷售線索，讓抖音成了重要的集客場景。

那他們是怎麼做的呢？首先是發動愛瑪經銷商中能說會道、比較上鏡的人拍攝短影音，從而培養出數百個優質的短影音內容生產者。根據這些內容，愛瑪再整理加工，形成內容拍攝的套路和方法，帶領其他上萬個經銷商一起做短影音內容。為了鼓勵和推動經銷商拍攝短影音，愛瑪市場部的同事一個城市一個城市地去做動員，最後推動愛瑪全體經銷商進入了短影音推廣行列，這也為愛瑪這幾年的快速增長提供了動能。

這兩年愛瑪還發現了一個推廣場景。

過去三大電信營運商互相競爭，為了讓用戶開通自己公司的手機號，紛紛推出買號送手機活動。通常是用戶辦一個套餐，提前交一年套餐費用，就送一部手機。其實，營運商的邊際成本幾乎為零，它把第一年的話費換算成手機成本送給你，只要你第二年繼續用這個手機號，你就開始給它們交費了。這是營運商的一種拉新手段，也是一種推廣方法。

比如中國移動，它會把一個中等城市縱橫切成幾十個區域，在每個區域做線下推廣。過去送的手機通常是普通手機，今天的用戶已經不感興趣了。於是愛瑪聯繫到移動公司，提出讓他們送愛瑪電動車。透過這樣的方式，一個省會級城市一天能銷售出幾

百台電動車。

中國移動的推廣活動是把城市切分成不同區域，用線下推廣的方式來銷售套餐，而愛瑪的推廣活動，則是借助中國移動的地推來銷售愛瑪。在這裡，中國移動的銷售場景就是自己或者外包的線下推廣活動，愛瑪的銷售場景則是中國移動。中國移動的推廣形式是買套餐送愛瑪，而愛瑪的推廣形式是搭著中國移動的套餐送愛瑪。這就是行銷推廣活動的三角結構：場景、內容和形式。

筆記 15

行銷推廣的底層邏輯

在任何事情上,總有人比我們做得更好。

行銷推廣的場景特別多,形式特別多,內容也特別多,那該怎麼做才能實現最佳效果呢?在我看來,推廣效果的底層邏輯無非兩個:一個是演繹法——基於人性和文化基因,直接推導出結論;另一個是歸納法——根據過去的推廣經驗和數據算法,不斷測試和歸納,逐步提升推廣效果。

演繹法的基礎是基本的人性和根植於一個民族或者地方特性的文化基因,我們不必進行觀察統計,就可以獲得很多確定的結論。比如在抖音,你拍一個穿著性感、身材火辣的小姐作為影音的開頭,就可以讓大部分男性用戶停下來觀看。這就是基本人性,因為人類受多巴胺、內啡肽等多種激素的影響,所以聯通開創了用女性跳舞在抖音做推廣的知名案例。人類喜歡萌萌的、可愛的東西,所以在抖音上,萌寵也是一類流量密碼。

我們可以推導出來的用戶感興趣的原因,大概有四個層次。

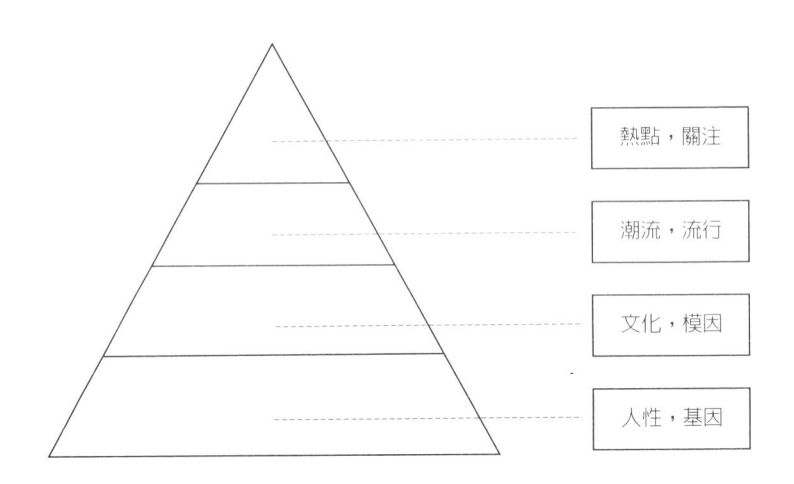

金字塔層級（由上至下）：
- 熱點，關注
- 潮流，流行
- 文化，模因
- 人性，基因

演繹法推導出的行銷推廣的底層邏輯

最底層是人性。

人性是由基因決定的。比如人大都是從眾的，所以根據從眾心理，就可以設計一個很好的推廣活動。國內有一個著名的茶飲品牌，透過製造排長隊的熱點，讓人產生了從眾心理，加上人類的好奇心，讓這個品牌迅速火遍全國。後來奶茶行業創造了一個專門的推銷技巧，就是製造排隊效應，讓顧客看到這個品牌一開業就很火，就會形成一種從眾效應。

再比如，大多數人是喜歡占便宜的，所以讓顧客感覺占了便宜就是一種很好的推廣策略。瑞幸咖啡從創立以來，就沒有用正

價賣過咖啡，它的咖啡都是打折賣的，這樣買瑞幸的顧客都有一種占便宜的感覺，加上有星巴克的價格做對比，這種占便宜的感覺就更深了。

此外，人在接近目標的時候會更願意堅持。一些線下店鋪經常做積分卡，比如一杯奶茶積一顆星星，5 杯奶茶就可以免費獲得一杯。一個顧客買了一杯奶茶，同時獲得了一顆星星，那他還有 80% 的任務需要完成，這時候他很可能就會放棄。如果門市在設計星星積分卡的時候，設計 10 顆星星，在顧客買第一杯奶茶的時候直接給他畫 6 顆星星，並告訴他今天店鋪做活動，可以獲得 6 倍積分。這裡就使用了兩個基本人性，一個是讓他感覺占了便宜，另一個是讓他感覺更接近目標了。其實同樣是需要再買 4 杯奶茶，但這樣的積分方式會讓顧客覺得，自己只需再完成 40% 的積分就行了，所以他會更珍視也會更積極地去消費奶茶。

男人喜歡看美女，人喜歡占便宜，這是比較容易洞察的人性，但「接近目標」這種天性就是一種很難洞察的人性，這要嘛需要專門的心理學知識，要嘛是在大量的實踐中摸索出來的。

第二個層次，也是比較固定的，是文化傳統和風俗習慣。

每個國家、每個民族甚至每個特殊群體，都會形成某種固定的風俗、文化或者習慣，久而久之就形成了強大的行為習慣。比

如每到春節，中國人就開始人類歷史上最大規模的集體遷移，這就是春運。春節回家團圓，就是中國人上千年的文化傳統，這基本不會改變。到了固定的情境或者時間，中國人就會有固定的反應，這就是文化傳統和習俗。中秋的時候吃月餅，公車上見到老弱病殘要讓座（很多國家就沒有這個傳統），喜歡討吉利，過年說吉祥話……等等，都是中國人的行為習慣。我們順應這種習慣，就可以獲得更好的推廣效果。比如超市在大的節日前就要備好貨；在春節期間，影音內容圍繞著闔家歡樂、親子關係等家庭聚會的主題去拍攝，就更容易獲得關注和點讚。一個民族為什麼會形成某種性格或者文化傳統，這跟人的基因無關，與模仿律有關。法國傳播學鼻祖加布里埃爾・塔爾德所著的《模仿律》揭示了一個規律：民族或者國家獨有的傳統和文化，不是靠基因傳遞，而是靠模因傳遞下去的。模因是文化傳遞的基本單位，它在諸如語言、觀念、信仰、行為方式等文明傳播更替過程中的地位，與基因在生物繁衍進化過程中的地位類似。模因的傳遞無法透過類似的基因編碼傳遞，而是依靠模仿。兒童會模仿成人和整個社會的行為模式，社會習俗、文化、傳統等就隨著人類的模仿天性一代代向下傳遞。

　　模仿有幾個基本規律。第一是從上到下，一般是下層模仿上層，從強勢的一方向下流動。比如明星穿搭最容易被粉絲模仿。

飛躍鞋（Feiyue）的再次興起就源於時尚之都巴黎對它的發掘，而巴黎人對飛躍鞋的崇拜源自中華武術高地少林寺僧人的練功鞋，有個酷愛中國武術的法國人發現了它。第二是幾何擴散，一旦模仿開始會呈幾何級擴散。秋天的第一杯奶茶，從一個小小的網路內容，突然之間就能紅遍全網，很多人會在立秋那一天前後去喝奶茶。第三是先內後外，優先模仿本土文化和行為。我們總是說民族的基因是骨子裡的，其實就是我們從小開始模仿本民族的行為和思考方式，外來文化就沒有這麼深刻的影響。比如東北人吃飯一定是某個人請客，上海人吃飯 AA 的就比較多，這種地區傳統也會被下一代模仿並強化在內心深處。第四是文化影響優先於物質影響。如美國對其他國家的影響，先是文化，後是商品。認可了它的文化和思想，就會認可物質上的選擇。

瞭解了文化傳統、模因和模仿律，我們就可以根據這些來設計容易傳播的內容。為什麼在短影音上明星帶貨效果特別好？也是因為模仿律，因為普通人會模仿上層人士、明星的穿搭吃喝，並產生購買行為。電商中，「×××明星同款」就是一個很好的轉化關鍵詞。

第三個層次是潮流和流行因素。

一個社會，在某個階段總會流行某種東西，這個東西可能是物質方面的，也可能是精神方面的。流行的穿搭、流行的飲食方

式,或者在某個階段有熱度的話題,比如大廠的「996」、「35歲現象」、原生家庭和「裸辭」等。

這種潮流和流行的東西,通常比文化和傳統持續時間要短得多,但在某個社會階段,它們會相當流行,只要與這個流行或者潮流相關,就會獲得更多關注和效果。

比如做短影音內容,今天,你的內容裡只要包含了「35 歲求職」、「大公司裸辭」、「原生家庭」、「女性獨立」等關鍵詞,就會獲得更多關注,因為這是以年為單位的社會熱點。

第四個層次,也是時間長度最短的要素,就是熱點。

在熱點發生後,你的內容只要跟它有關,就會獲得大量流量和關注。我寫公眾號也有這種感受,比如前一段時間「淄博燒烤」很火,我的文章標題裡只要一出現「淄博燒烤」,瀏覽量就會比普通標題多一倍以上。因為公眾就是喜歡看跟近期熱點有關係的內容。做推廣也可以結合短期熱點來做,隅田川咖啡利用《餘生,請多指教》這部劇的短期熱點,就創造了 1：70 的超級 ROI（投入產出比）。

如果你的推送內容是短期的,我建議你可以結合近期熱點；如果你的廣告是長期的,比如你要寫一句廣告語,那就要基於基本的人性和文化傳統,因為人性和文化傳統是非常不容易改變的。

剛才說的這四個層次是基於演繹法推導出來的。

另一個做推廣的底層邏輯基於歸納法。做行銷推廣，最後其實拚的是經驗。一個熟練的新媒體投放專員，只要看一眼一個小紅書博主的內容，就可以判斷這個博主適不適合做自己公司產品的推廣。什麼原因呢？就是因為他做投放做多了，瞭解這個行業的規律。但是，規律是不能吃一輩子的，因為每個平臺的規則都在時刻發生著變化，用戶的使用習慣和偏好也在不斷變化，所以好的推廣一定是根據經驗不斷調整、不斷試錯的。

下面這幅圖出自《最勾引顧客的招牌》一書，作者透過測試，發現在餐廳的指示海報上加一個箭頭，就能把招攬到顧客的機率從20%提升到32%，這相當於把轉化率提升了60%。但這個巨大的改善很難透過獨立思考獲得，所以做行銷推廣，首先要廣泛學習各行各業的既有經驗，避開前人踩過的坑，同時快速學習他人的經驗。所以向先進的同行或者跨界的同行學習是一條捷徑。

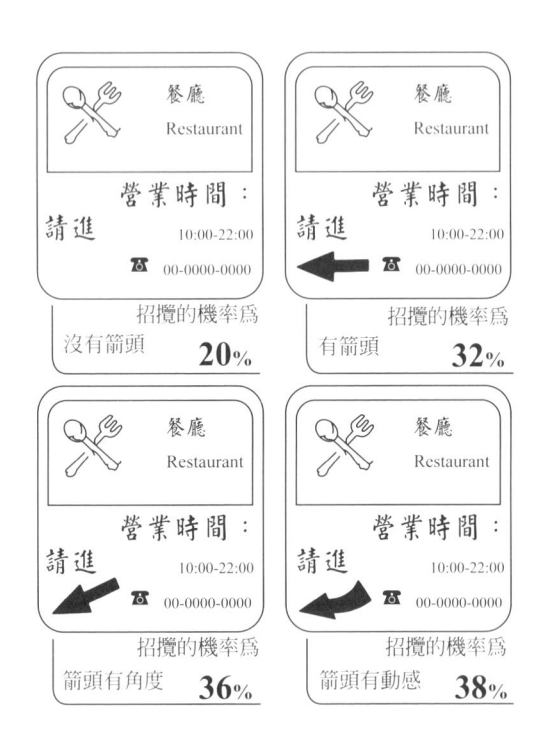

沒有箭頭 招攬的機率為 **20%**	有箭頭 招攬的機率為 **32%**
箭頭有角度 招攬的機率為 **36%**	箭頭有動感 招攬的機率為 **38%**

　　你要非常確定的一件事,就是在這個世界上,你做的任何工作總會有人比你做得更好,行銷推廣也是這樣。只有認識到這一點,你才會不斷努力改進自己的工作,而不要認為已經沒什麼可改善的了。任何工作都有改善的空間。

　　下面我舉個例子。

　　有一次我去杭州,在地鐵口遇到一隻「小兔子公仔」在發傳單。我看幾乎所有的路人都接了他發的傳單。我路過的時候,就

問了他一個問題,我說這是你們公司做的公仔嗎?他說不是,是自己在淘寶上定做的,他覺得自己穿著公仔發傳單大家會比較容易接受。其實穿著公仔服發傳單這件事早就有人做了。臺灣的電通廣告做過一個對比實驗,就是實地拍攝穿工作服和穿公仔服發傳單的效果,結果是穿公仔服發傳單效果更佳。

樂純優酪乳的創始人劉丹尼曾經專門寫過一篇講如何推銷發傳單的文章(當時他還在大眾點評工作),當時他們的推銷居然可以達到 22.3% 的驚人轉化率(我在本書最後的番外篇附上了

劉丹尼的這篇文章）。

我們在幫客戶做諮詢的時候，一句「歡迎光臨」話術、一張傳單、一張菜單、一個包裝內頁，其實都可以找到提升的空間，而這恰恰是很多人做了很多年卻一直沒有認真思考過的問題。

比如，你真的思考過名片應該怎麼設計嗎？名片設計能不能做得更好？

有一年，我們公司打算做名片，我跟同事經過認真的思考和溝通，確定了名片的設計。但好像很少有人認真思考過為什麼我們要做一張名片。

我們先要搞清楚名片的作用是什麼。過去交換名片是為了讓對方知道你是誰、你的職位是什麼，以及聯繫方式，所以過去還有名片夾，在辦公桌上有專門存放名片的格子，這樣可以方便聯絡。

但是現在有了微信，名片的聯絡功能已經明顯退化，更多的是見面時的一種介紹功能，比如不方便自誇是高級經理，用名片就可以。我們基本上可以確定，對方在接到你的名片後會禮貌性地保留一下，然後在出門時或者第二天就會丟掉。

那我們還需要名片嗎？我認為依然需要。

首先是名片的介紹功能，比如你是政協委員，或者北大的客座教授，或者公司高級副總裁，這些名頭如果別人沒有介紹，你

自己介紹又顯得過於矯情,用一張名片就可以解決這個問題。

所以我跟同事說,把名字放大,因為對方首先要知道你是誰,所以我們公司設計名片,首先就是把名字放大。

小马宋
创始人

T /
xms@xiaomasong.cn
小马宋战略营销咨询
北京市东城区箭厂胡同22号院110室

XIAOMASONG

我的名片(正面)

後來在對電話、地址等進行設計的時候,我們只寫了公司所在創業園的地址,而沒有寫具體門牌號,為什麼呢?因為我覺得99%的人不會保留名片,他要是來拜訪,還是會在微信上問你的地址。那為什麼要寫地址呢?有兩個原因,一個是告訴對方我們公司常駐城市是北京,另一個就是對方如果瞭解北京市行政區劃,就會知道東城區是北京的中心區域,箭廠胡同更是在二環以內,這種地方寫出來是不跌價的。

絕大部分名片會被丟掉，那怎麼才能讓人保留你的名片呢？我們決定在名片上印 5 萬元的諮詢代金券（100 萬元以上專案可使用）。這樣帶來的好處，一個是可以進行社交的破冰，因為對方拿到你的名片就有話題了，另一個是可以讓別人願意保留你的名片，甚至會拍照分享到朋友圈，這等於多做了一次傳播。

我的名片（背面）

看到這裡，你是不是相信了，任何事情，世界上總有人比你做得更好。

我在得到聽過「黃碧雲的小店創業課」，她說超市的堆頭、毛巾的顏色、店內的氛圍、打折的順序等都有學問；在「跟邵慧寧學店鋪銷售」課程中，她說在服裝店的經營中連怎麼說「歡迎

光臨」都有優化空間，比如你的動作和姿勢。在介紹日本一些店鋪經營的圖書中，作者講了非常具體的經營細節，比如當店鋪裡沒有客人的時候，營業員應該做什麼才會讓店鋪顯得不那麼冷清。

這些都可以提升店鋪的轉化率。提升轉化率是我們今天格外關注的話題，也是行銷推廣的核心。

筆記 16

設計推廣的時候，你根本不知道你的顧客在想什麼

人和人觀念的差別，比人和狗的差別都大。

推廣活動應該是從顧客的角度去思考。但是人的通病就是總從自己的視角看問題，這樣就會導致你做的推廣顧客根本不關心，或者他們根本不理解。

我們在為北京知名快餐品牌南城香做諮詢服務之前，南城香點餐吧台下面的廣告位並沒有被充分利用，於是我們就設計了南城香必吃榜，希望可以幫助消費者更快決策。我們選擇了三款產品，並按照銷量排名分別標注了 TOP1、TOP2、TOP3。

筆記 16 設計推廣的時候，你根本不知道你的顧客在想什麼

但在設計落地後，我們進行了二次回訪，發現很多南城香的消費者（老年人居多）並不認識 top 這個單詞，我們自認為的常識在實際消費場景中竟毫無價值，於是我們將所有的英文全部改成了中文。這就是一個主觀視角和顧客視角的典型案例，在這個具體案例中，我們所犯的錯誤叫作知識陷阱，就是你具備的知識並不是顧客具備的知識，不要把自己的認知強加到消費者身上。我們經常看到，在商場裡有餐廳打出很大的文字說明，上面寫著「本樓 6F」，這種表達方式就是沒有從顧客角度出發，因為很多顧客並不理解「6F」是什麼意思。一個歐洲人心中的 6F 其實是我們通常說的 7 層，而一個不懂英文的顧客也不知道 6F 是什麼意思，那你就不如寫「6 層」。

不僅在視覺設計和文案表達上要關注顧客視角，在寫推廣內容時，我們也要關注顧客真正關注的是什麼，否則你寫出來的內容就是「自嗨」。我們在服務客戶小皮（有機嬰童食品品牌）的

時候，小皮推出了一款常溫優酪乳。當時大家在辦公室裡羅列了很多這個產品的賣點，包括歐洲進口、優質奶源、發酵工藝等。後來產品推出去之後，我們做市場調查，遇到一位金牌銷售，我們問她：「顧客來了你怎麼介紹這個優酪乳？」她說很簡單啊，因為中國家長一般都怕孩子吃涼的肚子疼，我就說這個優酪乳是常溫的，專門給寶寶設計的，吃了不怕寶寶肚子涼。

你看，顧客的關注點跟我們的想像很不一樣。堅持從顧客的視角去看問題、去做推廣才是成功的關鍵。所以我們在做諮詢時始終強調，要到現場去，要跟顧客在一起，去觀察顧客的真實行為，你才能獲得第一手資料和真實答案。遇見小面是一個主做重慶小面的快餐品牌，

我們在服務遇見小面的時候，同事去門市觀察蹲守，看銷售現場發生了什麼。當時遇見小面門口都有門迎，顧客走近的時候他們會喊一句口號，過去是這麼喊的：「不在重慶，遇見小面。歡迎光臨！」這句話寫得很巧妙，不過收效甚微，因為顧客走在商場裡，他們只是想吃一頓午飯或者晚飯，他們的關注點不是這個。他們關注什麼呢？我們發現顧客走到門口時提得最多的一個問題是：「你們有沒有不辣的？」因為小面是重慶小吃，很多沒吃過小面的顧客以為小面都是辣的。假設今天有三個顧客一起來吃午飯，如果其中有一個不吃辣，而且他恰好不瞭解遇見小面，

那他們有可能就不進來了,這樣你就同時丟掉了三個顧客。

我們在現場觀察的時候發現了這個問題,然後就建議他們把門迎的喊賓口號改成了「辣不辣都有,辣不辣都香」。並且我們在遇見小面門口設計了一個大菜單,上面明確地標示出「辣」和「不辣」的品類。這樣就解決了顧客的疑慮,他們不用問就可以直接進店了。

說到這裡,還有一些很獨特的顧客需求。

臥龍鍋巴是一個著名鍋巴品牌,總部在湖北襄陽,據說歷史上三顧茅廬的故事就發生在襄陽,襄陽市今天還有一個臥龍鎮,這也是臥龍鍋巴名字的來源。而臥龍鍋巴也就順勢在自己的鍋巴包裝上寫了諸葛亮的歷史典故。這其實沒什麼問題,但當臥

龍鍋巴鋪貨到河南南陽的時候，卻遭到了南陽本地顧客的集體反對，因爲歷史上諸葛亮出山前居住的地方究竟是在南陽還是在襄陽是有爭議的，兩個地方都說自己是諸葛亮故居所在地。南陽市人民當然不能接受這個品牌的宣傳語，所以發起了集體抵制，後來臥龍鍋巴只好暫時退出了南陽市場。

心理學上有個名詞，叫觀察者偏差，意思是很多人覺得別人都跟自己一樣。這在心理學上又叫孕婦效應。懷孕過的女性可能有這個經驗，在懷孕期間，你會發現大街上孕婦突然多了很多，而當你懷孕結束，大街上的孕婦突然一下子就消失了。

這種觀察者偏差存在於各種場景，一個開BMW車的人會覺得馬路上開BMW的人特別多；一個研究生畢業的人也覺得研究生特別多；一個平時吃飯不會看價格的老闆，也認爲別人會跟他一樣不在乎價格；一個愛喝黑咖啡的人會認爲中國人喜歡喝黑咖啡的人特別多。這種觀察者偏差讓我們失去了對顧客的共情能力，因爲你以爲顧客跟你是一樣的。

我們在服務「魚你在一起」（酸菜魚品牌）的時候，最初我們建議它的菜單要整體降價3元左右，因爲我們認爲它當時的客單價偏高，但魚你在一起的高層覺得顧客不會太在意這幾元錢。

後來我們發現深圳有一家加盟店的生意很好，我們同事就去店裡做調查，原來這家店的加盟者做了一個很簡單的推廣活動，

就是每天推出一道八八折的特價酸菜魚。魚你在一起的一道酸菜魚大概 30 元，

八八折就是優惠 3 元多，結果這家店生意就特別好。我們同事當天還問過一個顧客，那個顧客說，他平時不吃辣的，但是因為今天這款辣的酸菜魚是特價，所以他就點了這款辣的酸菜魚。這個回答真實地說明，顧客對價格是多麼敏感。但是對很多高層管理者而言，他們的收入太高了，對幾元錢根本不在意，這就無法與顧客共情，做出顧客樂於參與的推廣活動。

著名商業自媒體人沈帥波跟我說過一個數據，他說中國還有 6 億人是不用洗髮精洗頭髮的，而是用洗衣粉或者肥皂。不是他們不喜歡洗髮精，是他們用不起洗髮精，用海倫仙度斯對他們來說就是消費升級。儘管我小時候也用洗衣粉洗過頭，但我聽到這個數字的時候依然很震驚，因為我不用洗衣粉洗頭已經很多年了。

怎麼才能克服這種觀察者偏差呢？還是剛才說過的，要到消費者中去，觀察他們的行為，真實地理解他們才行。一個做行銷的人，如果每天只是坐在辦公室裡海闊天空地想，是不會有大成就的。

筆記 17

從顧客需求出發設計推廣內容

這世界很美,而你,恰好有空。

顧客有需求,才會產生購買行為,也才會被打動。那麼顧客有哪幾種通用需求呢?百度公司前副總裁李靖(公眾號「李叫獸」主理人)跟我講過一個消費者的普遍需求模板,我根據自己的理解轉述給大家,供大家在寫推廣內容時參考。

第一種需求:性能或者功能

有這樣一類消費者,他們過去使用的產品無法滿足他們想要的功能,或者性能上無法達到他們的需要,如果你提供給他們一個新功能或者更好的性能,那這類消費者就會購買。但前提是,這個功能應該是可以被描述的,如果這個功能不能被描述,那就只能透過別的方法來解決,比如試吃、試用、現場展示、顧客口碑等。

元氣森林氣泡水的「零糖零脂零卡」就是一個改進的性能,

因為過去的消費者雖然想喝飲料卻總擔心飲料熱量太高。

OPPO 曾經有個很著名的廣告語「充電 5 分鐘,通話兩小時」,就是切中消費者儘快充電的需求。

推廣中如果想透過性能和功能打動消費者,你就應該知道目標消費者存在一個什麼樣的很想完成的目標,但因為受到產品功能的限制,無法完成這一目標。

三胖蛋瓜子早期承諾吃到一個臭子賠一箱瓜子,因為過去的瓜子中很容易有臭子,而吃到臭子實在太影響心情了。

第二種需求:定制化或者個性化

有一類消費者的需求異質性較高或者比較喜歡專屬的概念,這就給定制化產品提供了機會。在肆拾玖坊醬酒的銷售板塊中,到茅台鎮訂製客戶專屬的千斤壇酒是一個重要專案,每年貢獻幾億元的銷售額。這一壇專屬的醬酒重達 1000 斤,售價幾十萬元,卻有許多客戶願意購買。他們會幫客戶把這個千斤壇保存在茅台鎮,客戶需要時,可以訂製專屬的帶客戶名字和企業 logo 的酒瓶,這就形成了非常大的差異化,顧客使用和宴請都有面子。

淘寶上就有許多風格很獨特的設計師服裝店,滿足了顧客個性化需求,因為女孩子通常不喜歡撞衫,也喜歡形成自己獨特的

穿衣風格。

第三種需求：降低風險或者打消顧慮

　　有些消費者在消費某些產品的時候會擔心一些問題，比如品質不好、售後問題、使用麻煩等。面對這類客戶，你的推廣就要提出一個降低風險的方案。比如小牛電動車發現，許多消費者會因為電動車被偷而苦惱，這就是一種使用風險。所以小牛在電動車上安裝了定位裝置，讓消費者可以隨時查看車子位置。它還推出了 300 多元的保險，丟車子可以全額賠付，這樣就打消了消費者的顧慮。

　　著名美籍華人企業家謝家華創辦了專賣鞋子的電商網站美捷步（Zappos），他發現很多客戶網購鞋子的時候最大的顧慮是鞋子不合腳，所以這家電商平臺每次會提供三雙不同尺碼的鞋子，客戶收到貨後可以試穿，留下合適的，免費退掉另外兩雙，這就打消了顧客的顧慮。

　　有的客戶來小馬宋洽談諮詢業務，他們也會有顧慮，比如諮詢效果不好怎麼辦。我說這個好辦，我們簽的合約條款裡寫明，允許客戶隨時終止合約，這也是打消客戶顧慮的一個方法。

第四種需求：獲得優越感

一般來說，一張海報的主標題最好不要超過 8 個單詞，因為平均而言，這是一個讀者一眼掃過能理解的最大訊息量。但對《經濟學人》的讀者來說，想必不是這樣。——《經濟學人》雜誌

有沒有發現，《經濟學人》讓它的讀者獲得了一種智力上的優越感？利用顧客願意獲得優越感的需求，你可以塑造出一個具有優越感的品牌形象，從而讓你的顧客買單。有時候，推廣活動也是一種力量。

有些消費者使用某種產品或服務的目的，就是要塑造自己渴望的正面形象，這也是一種需求，品牌應該想辦法利用。顧客願意拍照並發朋友圈的產品，通常就屬這一類。

小米早期的廣告「為發燒而生」，是讓消費者炫耀自己是懂技術的發燒友，從而產生一種優越感。

保時捷汽車曾經有過一個廣告口號：多數人知道，少數人瞭解。其實也是在偷偷地讚美客戶，讓客戶產生優越感。

我們來看一下 B 站在 2020 年 5 月 3 日（中國「五四青年節」前夕）首播的形象廣告片《後浪》的文案：

銷售真相

後浪

那些口口聲聲「一代不如一代」的人

應該看著你們

就像我一樣

我看著你們，滿懷羨慕

人類積攢了幾千年的財富

所有的知識、見識、智慧和藝術像是專門為你們準備的禮物

科技繁榮，文化繁茂，城市繁華

現代文明的成果，被層層打開

可以盡情地享用

……

我們這一代人的想像力不足以想像你們的未來

如果你們依然需要我們的祝福

那麼 奔湧吧 後浪

我們在同一條奔湧的河流

這條宣傳片的本質是在讚美 B 站的用戶，從而讓用戶獲得優越感和認同感。

第五種需求：更高端

市場上有一部分收入較高的消費者，因為市場供給的原因，他們只能和普通消費者一樣消費低端品類。如果你率先推出了更高端的產品，就可以獲得這部分消費者的青睞。

在喜茶出現之前，市場上的奶茶平均價格在 8 元左右，用的都是奶精、水果罐頭、果醬等原料。喜茶用新鮮水果代替了果醬和水果罐頭，用牛奶代替了奶精，當然價格也做到了一杯 30 元左右，卻在好幾年內火爆了整個中國茶飲市場，這就是沒有滿足的高端需求被滿足了。

雖然喜茶沒有重點宣傳自己是更高端的茶飲，但它確實激發了要喝更高端奶茶的需求。

第六種需求：更好的使用體驗

有些商品確實能解決顧客的問題，但體驗感非常差，比如我們在《顧客價值行銷》中提到過的虎油。虎油能解決跌打損傷的問題，但使用體驗不佳，抹上去會流得到處都是，還有很大的味道。

過去女生的內衣都有鋼圈，女生穿著其實是不舒服的。NEIWAI（內外）內衣去掉了鋼圈，讓內衣自然舒適，所以它的廣告口號是「一切都好，自在內外」。

第七種需求：省去麻煩，增強便利性

消費者會面臨這樣的狀態：既想做一件事，又覺得很麻煩。

如果你覺得幫消費者免除這個麻煩會有很大的競爭力，也能打動他們，那就可以這麼宣傳。比如從事商業工作的人，想學習商業知識，卻又覺得讀書很麻煩、學習很費勁，那有沒有辦法解決這個問題呢？得到推出的「劉潤・五分鐘商學院」只需要每天 5 分鐘，就能給到你有用的商業知識，所以我為這門課程寫過一句口號：「每天 5 分鐘，解決一個商業難題。」空刻意麵說「只做媽媽不做飯」，也是滿足了顧客的這種嫌麻煩的需求。

第八種需求：流行和新鮮感

有些消費者希望自己是一個時尚的人，或者希望嘗試一些新奇的體驗，那你就可以給他們這種感覺：「這個東西很新奇（流行、酷），我想嘗試一下。」

費大廚辣椒炒肉從長沙開始火爆，後來到上海開了第一家店，當時寫的推廣語就是：長沙辣椒炒肉排隊王來到上海。蘇閣鮮果茶在入駐新城市的時候，也會寫「廣州大眾點評楊枝甘露第一名來到 ××」，顧客也會想嘗一嘗別的城市排名第一的楊枝甘露的味道。

喜之郎早年推出了「可以吸的果凍，喜之郎 CICI 果凍」，

用的廣告語就是「可以吸的果凍」。滬上阿姨在情人節的時候用奶茶杯裝上一枝玫瑰銷售，竟然引起搶購。農夫山泉「買一贈一」，買一瓶礦泉水送一瓶 1 毫升裝的超小農夫山泉。它們都是用新奇感吸引顧客。

第九種需求：低價

智米科技的創始人蘇峻博士曾經跟我聊起打造爆品的邏輯，除了產品的功能設計要超過消費者預期，產品的價格也要超過消費者預期，這是一個很簡單卻極其有效的武器。

顧客永遠都有獲得更便宜商品的需求。所以有大量的廣告推廣都是在講自己便宜，當然有些說得沒那麼直接，比如網易嚴選說「好的生活，沒那麼貴」；肆拾玖坊在社群間介紹自己醬酒的時候就會說「茅台平替」。

幾年前拼多多推出了「百億補貼」，後來京東也推出了「百億補貼」，其實都是在宣傳自己便宜，價格更低。據 FT 中文網報導，2023 年二季度，肯德基的客單價同比下降了 5%，必勝客則下降了11%。肯德基的管理層在電話會上指出，「瘋狂星期四」活動帶動周四銷售額比其他工作日高出了 50%。

以上就是消費者通常有的幾種需求，你在宣傳推廣的時候，可以根據不同情況來決定使用什麼方向的需求並形成推廣的內容。

筆記 18

影響消費者決策的 POM 模型

人是沒有什麼真正的自主意識的,我們的意識,都是與環境互相影響的產物。即使你是一名專業的行銷從業者,你也會在明知對方套路的情況下,不由自主地購買。

我相信本書的讀者讀過很多行銷理論或者方法,或者學習過許多不同平臺不同通路的營運和推廣知識。如果你想學習,我認為你一輩子都不能窮盡行銷推廣的方法和知識點,因為實在是太多了。所以我們就需要有簡潔的思維框架,這種思維框架可以讓我們完整地思考行銷活動的設計,不遺漏任何方面,還能延展出越來越多的方法和工具。雖然具體的方法和工具非常好用,比如我告訴你「遇見小面門口的菜單顯著地區分辣和不辣,就能有效引導顧客進店」,這個方法對那些經營川菜、湘菜的同行可能有用,但是放到別的餐廳就沒有用了。

所以你要掌握比這個方法更高一層的決策思路,那就是用顧客的視角思考問題。4P 理論就是一個大的框架,這個框架讓企

業開展行銷活動的時候能夠算無遺策,不遺漏任何重要的部分。具體到推廣這一部分,我希望也能提供給你一些框架,以方便我們做出決策和產生內容。

做推廣其實要研究的是顧客的決策。顧客因為什麼購買?《絕對價值》一書中提到了一個消費者決策模型,該書作者之一伊塔馬爾·西蒙森是史丹佛大學商學院的市場行銷學教授,是公認的世界上關於消費者決策的最權威的專家之一。

到底什麼影響了消費者的選擇?西蒙森提出了一個幾乎是最全,也是最簡單的消費者決策模型,叫作 POM 模型。這個模型關注的是,消費者做選擇的時候到底受到了哪些影響。一般來說,消費者在做選擇的時候,只受到三種力量的影響。

第一種力量來自消費者自己(personal),或者叫作個人偏好。比如消費者喝茶,他喜歡紅茶還是綠茶,是白茶還是普洱,他有自己的口味偏好和判斷,通常很難受到廣告的影響。

第二種力量來自品牌方的傳播(marketing),品牌的行銷推廣活動對消費者有重要影響。比如隅田川掛耳咖啡請肖戰代言的官宣當天,隅田川天貓店就增加了上千萬元的銷售額;瑞幸咖啡與椰樹牌在推出聯名產品的時候,各個門市的聯名產品也被搶空了。

第三種力量來自第三方,也就是他人(others)。在實際購

買中，顧客會聽信身邊朋友、網路上的專家、信任的 KOL、評測機構等的意見，從而購買某些品牌或者型號的產品。甚至有一些瞭解我個人的公眾號訂閱者，他們會因為某個品牌跟小馬宋簽了諮詢合作協議而去購買這個品牌的產品，因為他們覺得小馬宋服務的都是比較正規的品牌。

　　這就是消費者產生購買行為背後的三種力量，這三種力量包含了影響消費者的所有要素。但並不是說消費者就會固定地受到某種力量的影響，而是這三種力量的動態組合。不同力量在不同領域的影響力也不一樣，不是所有領域都是平均分配的。商品不同，消費者群體不同，他們受到的影響也不同。我們做行銷推廣的時候，就要具體分析目標消費群體更容易受哪種力量的影響，從而決定我們要在哪些方面重點發力。

　　一些行銷人員會死板地套用某個方法，結果發現在一個地方好用的方法在另一個地方反倒不起作用了。有些行為會受到從眾心理的影響，比如吃藥，你朋友家的孩子吃了一種感冒藥，感冒很快就好了，你可能也會讓孩子吃這種感冒藥。但手機殼的購買就不是，一家公司裡，不可能所有的同事都用同樣的手機殼，他們甚至會刻意使用不同的手機殼，所以這個時候手機殼的購買行為就不容易受他人的影響，而是會受到自己偏好的影響。消費者去買一杯奶茶，商家海報上寫著「鎮店之寶楊枝甘露」，那他很

容易就願意嘗試一杯，因為初次購買或者在大街上隨機選擇奶茶的時候，消費者很容易受到品牌方廣告的影響，但在回購或者點外帶的時候，消費者又更多地從自己的偏好出發來選購。

通常，「市場力量」影響大的行業，比較容易出現大品牌，比如飲料或者零食行業；而「個人偏好」影響較大的行業，不容易出現大品牌，因為這些行業做行銷推廣的回報沒有那麼高，很難做出大品牌，比如米、食鹽、水果、茶葉等領域。

下面我們來逐個分析這三種影響消費者決策的力量，看看它們的特性和品牌方的對策如何。

個人偏好的力量

個人偏好是由過去的經驗和習慣養成的，這個很難透過一個廣告就立刻扭轉，但是透過長期的廣告和行銷推廣也是有可能改變的。

受個人偏好影響比較大的行業通常是高度分散的，很難有像農夫山泉、海信電視、華為手機這種超大品牌出現。因為在這些領域，消費者更相信自己的偏好，做廣告推廣很難在短時間內（至少是 10 年）影響消費者的選擇，因為投廣告的效率太差，所以品牌方大都不願意大規模投放廣告。我曾經接到過一個米客

商的諮詢，過去他們找了一個諮詢公司給他們做定位，最後的廣告語就是「ＸＸ米，銷量遙遙領先」，然後要求他們大量投放廣告，但是投放廣告一年也沒有什麼作用。其實，米就是一個很難受廣告影響的產品，消費者通常根據自己的口味偏好和過去的購買習慣購買，廣告很難在短時間內影響他們。我跟這個客戶說，你們做米，單純投放廣告是一個很差的經營策略，你們不能不分情形地去搞定位，這是一種簡單盲目的行銷思想。那這種困境該怎麼破呢？下文我會詳細闡述。

通常在什麼領域，消費者更願意聽從自己的偏好？一是這個購買決策的重要程度很低。比如你今天去買米，你買一斤裝還是買五斤裝，買什麼牌子的米，對你來說可以是很隨意的決策，即使買錯了對你也不會產生什麼重大影響，這時候你不需要參考他人的意見。如果你去買一輛汽車，你就不會那麼隨意，因為買車是一個重大決策。我在買車的時候，就專門問了兩個懂車的朋友，關於車的配置等做了詳細的詢問，還找他們跟我一起去 4S 店看車、提車。二是如果他人的經驗沒有太多借鑒意義，那消費者就會更多聽自己的。三是消費者有明顯的感官偏好，比如四川人愛吃辣，廣東人喜歡煲湯，那你就很難透過行銷來影響一個廣東人去吃四川菜。

那遇到這種產品，行銷推廣效果不大，也很難靠口碑形成購

買，我們該怎麼辦呢？

第一種方法就是在通路上精耕細作，占領大部分可能的通路。比如安井的主要產品是各種冷凍的丸子（魚丸、蝦丸、牛肉丸等），消費者在選購各類丸子的時候，其實並沒有明顯的品牌偏好。你也可以回憶在超市或者菜市場採購丸子的經歷或者觀察一下消費者，你或者他們是不是並不關注哪個品牌？你的購買很隨機，隨手拿一袋就好了。這時候，起決定作用的不是品牌，而是品牌的鋪貨量。你鋪貨越多，消費者拿起你的產品的機率就越大。安井這麼多年深耕通路，是這個領域最大的供應商，它的銷量主要是靠通路完成的，而不是品牌推廣。當然，這類產品如果在包裝設計、食用場景等環節強化自己的品牌名、品牌符號等，經過多年的沉澱，也能培養起一定的顧客購買習慣，甚至形成一定的顧客購買偏好。如果你的客戶群體很大，也可以考慮利用私域的形式聯繫客戶，這時候私域就是客戶最容易接觸到的銷售通路。這樣你就可以透過通路的力量帶動銷售，而不是靠品牌的指名購買帶動消費者的購買行為。

第二種方法是做通路品牌，而不是做商品品牌。消費者在購買時沒有明確的品牌偏好，卻有明確的通路偏好，這就是通路商建設品牌的機會。比如家具領域，顧客的購買受品牌的影響雖然不是很大，但他們會優先考慮去哪裡購買，如居然之家、紅星美

凱龍等家具大賣場。宜家家具本質上也是一個通路品牌，因爲它的形式是一個大賣場。雖然蔬菜、水果、海鮮等產品沒有什麼大品牌，卻有像百果園、盒馬鮮生等通路型品牌。

第三種方法是改變品類的定位。早年雀巢咖啡來到中國的時候，大部分中國人對咖啡並不感興趣，中國人愛喝茶，喝不慣咖啡。在當時的市場條件下，消費者在咖啡這個品類上受過去的個人偏好影響很大，所以雀巢很難透過第三方推薦或者品牌行銷打開市場。如果以咖啡這個品類來銷售雀巢，在當時的中國基本沒有機會。所以雀巢咖啡早期在中國的市場策略，是把咖啡當作一種高檔禮品來銷售。禮品行業很容易受到賣家的影響，賣家說它高檔、流行、適合送禮，消費者就會產生購買行爲。

香氛這個領域也很有意思。日常的香氛，消費者其實主要受個人使用習慣和偏好的影響，這時，誰的通路能力強，誰的銷量就大。所以在線下通路，香氛銷量最大的是名創優品。而在線上，香氛銷量最大的品牌是尹謎。消費者在消費香氛的時候，主要是對包裝的瓶形和氣味有個人的審美和偏好，至於什麼牌子，對他們來說影響不大。但是，如果你能提供購買的便利性，消費者可能就會優先選擇你，所以名創優品得益於線下通路多，尹謎則得益於擅長線上推廣。因爲影響消費者線上購買的主要是平臺的推送和搜索，那越擅長電商營運就越容易被消費者選購到。

你可能會問，那 Jo Malone London 為什麼能成為很好的香氛品牌？還有國內近幾年比較火的觀夏，為什麼也能成為很好的品牌？

其實 Jo Malone London 香氛可以歸類為時尚產品，時尚受推廣活動的影響很大。個人偏好是很難改變時尚潮流的，你喜歡國風的服飾，但你不能阻止闊腿褲的流行，也不能阻止飛躍鞋再次在中國流行，因為流行和時尚是由權威機構和傳播來定義的，你無權定義它，你要想追隨時尚，就要遵從它。

至於東方文化香氛品牌觀夏，恰好在我們公司附近有一家門市，我同事曾多次購買觀夏的產品送人。你看，其實觀夏打造的是一個禮品品牌，它被歸類到禮物這個品類裡了。

主食類產品，比如米、饅頭、麵條等，其實也很難有大品牌，因為它們受顧客偏好很明顯，但巴比饅頭就有 1000 多家加盟店，因為它把自己做成了通路品牌，在線下零售。麵條裡的大品牌很少，但速食麵的品牌就很大，比如康師傅、統一等，因為麵條是主食，速食麵則是快消品，快消品很容易受到行銷驅動，它們是不同的類別。

受個人偏好影響購買決策的產品，通常都是處在一個分散型市場上，是很難出大品牌的，但好處是，由於沒有龍頭的競爭，進入比較容易。你如果在創業，就要想清楚要不要進入這種很難

建立品牌的區域，不要以為自己跟別人不一樣，習慣的力量是非常強大的。

行銷的力量

　　這裡所說的行銷的力量，主要是指行銷推廣活動，也就是狹義上我們理解的行銷。消費者有時候會受到品牌方宣傳的影響，比如他們購買時會看重品牌形象；也很容易受到廣告的影響，包括跨界、聯名等推廣活動。大部分的時尚品、服裝品牌、快消品，就是在電視上投放廣告最多的品類，顧客受其行銷的影響很大。比如寶僑、聯合利華、可口可樂、Nike、康師傅、伊利等。

　　對於這些產品，消費者通常沒有建立起非常明確的個人偏好，但又很注重這些產品的品牌形象，比如你穿什麼牌子的運動服，就代表了你的品味和檔次，你就會很在意運動服的品牌。而且這些品類，第三方參考意見和外部訊息對你的影響也比較低。比如你要嘗試一下可口可樂出的新品怎麼樣，你不會去諮詢別人，因為便宜，嘗一嘗，不好喝也沒關係。

第三方的力量

其實不同的時代，消費者的消費決策受到的影響也是不同的，因為消費者所處的傳播環境不同了。比如在電視時代，那時候還沒有網際網路（或者剛剛起步），就那麼幾個大媒體，隨便哪個品牌，只要在電視臺一做廣告，就能影響幾千萬甚至幾億人。消費者天天被廣告轟炸，即使不太容易受品牌廣告影響的產品，因為廣告效率高，也能影響人的決策。一個力量只要做到極致，總會產生作用的。電視時代因為廣告效率高，所以就有很多品牌和品類能透過廣告來影響消費者。比如早年央視就有很多防盜門的廣告，那時候廣告最多的品牌叫盼盼，因為廣告效率足夠高，所以盼盼成為當時最知名的防盜門品牌。我們說米不容易受行銷的影響，但是如果有一個米品牌的廣告費用是無限的，它在所有能見到的媒體都投放廣告，那消費者會不會受到廣告的影響？肯定會的。但問題是，你投廣告的費用夠不夠你在市場上獲得的回報。通常米這個品類的利潤很低，所以很少會有商家去投米的廣告。在電視廣告時代，有許多品牌都在投放廣告，但是今天它們基本不再投放了，為什麼呢？因為今天再投放廣告，成本太高，回報不足，那就沒有意義了。比如喜之郎果凍，早年就有大量的電視廣告，現在已經看不到了。

在網際網路時代，尤其是 5G 移動通信技術的普及，消費者在選購商品的時候會更多地受到第三方力量的影響。《絕對價值》一書把消費者的用後評價稱爲絕對價值，顧客看消費者的用後評價，就相當於在瞭解這個商品的絕對價值。今天的消費者要選擇一家餐館，可能要去大眾點評看一看別人的評價；買護膚品，可能會去小紅書看看小紅書筆記；買車，也會去網上看看專業博主的評測。因爲隨著媒體的發展，消費者現在很容易就能獲得這些評價和推薦。

　　當然你要明白，這些評價和推薦中有很多是商家自己做的廣告推送，只是僞裝成了小紅書筆記的樣子或者是在博主那裡買了廣告。不過瞭解真相的消費者並不多，他們依然會把自己關注的博主當作一個可靠的訊息來源。我們說消費者的決策受到第三方力量的影響，還是要從消費者的角度看，而不是從內行人的視角看，內行人可能一眼就能看出那篇筆記只是一個廣告而已。

　　李靖曾經跟我講過他遇到的一個真實案例。有一個做民宿平臺的公司，找了很多大 V 發了很多廣告，這些廣告雖然有幾十萬的閱讀量，但其實沒有多少轉化。後來其中有個旅行類的大 V，把他住民宿的照片轉發到了朋友圈，說上次去住了這個民宿，感覺還不錯。他的朋友圈有幾千人，但這一條朋友圈的效果卻比那幾十萬的閱讀量都要好得多。那為什麼廣告效果差，而一

條朋友圈的廣告效果卻很好呢？因為選民宿這個決策相對來說比較重要。如果一個人從來沒有住過某個民宿，他會很擔心服務和住宿體驗，那就不如住五星級酒店，因為五星級酒店的服務還是有保證的。所以他不願意相信一個單純的廣告。但如果是朋友圈裡有人發民宿訊息，其可信度會高很多，他願意相信朋友，至少是他知道或者認識的人的推薦的。

由於第三方力量的增強，消費者獲取第三方訊息也就更加容易。在廣告力量和個人偏好力量不變的情況下，第三方力量的增強意味著廣告的力量在相對減弱。前幾年有個非常有影響力的研究，美國有一個點評網站叫 Yelp（類似於大眾點評），它做了一個數據調查，發現在 Yelp 越受歡迎的地方，連鎖餐廳的生意越差。為什麼呢？因為連鎖餐廳本質上賣的是它品牌的可信度，品牌越大可信度就越高。過去你去一個陌生的地方，或者沒有什麼選擇的時候，就會傾向於選擇肯德基，因為選肯德基沒錯，肯德基的品質、口味、衛生和服務等都是標準化的，不會有太大差別，別的餐廳就不行。但點評應用解決了這個不信任的問題，顧客的評價會讓你避過很多坑。

那麼，當顧客越來越受到第三方力量影響的時候，一個品牌的推廣就無事可做了嗎？其實也不是，正相反，需要做的事情更多了。

銷售真相

20 年前，做行銷要簡單得多，你只要有膽量、有信心花錢投廣告，同時組織能力也不錯，效果就不會太差。但是今天只投傳統廣告已經沒有用了，你要做的投放不是大規模砸錢，而是在傳統廣告之外，還要加上「種草」、評測、筆記這些方式。過去你可能一個廣告合同就能花掉幾千萬元的廣告費，但今天你要一個一個篩選達人，一個博主一個博主聯絡，1000 萬元的推廣費可能需要一年，聯絡了 1000 個博主才花完。花了廣告費，你還要統計哪個博主的推廣效果更好，哪一類的內容回報率更高，然後進一步優化並繼續投放。所謂的高於同行的 ROI，其實都是花錢不斷測試出來的結果。所以今天的市場部比過去難做了，因為工作量大了很多。

你也可以考慮，消費者為什麼不相信品牌廣告，而是更相信第三方力量？有一部分原因是這個購買決策很重要。很多產品的好壞是後驗性的，無法提前使用或者體驗，也無法提前驗證品質，消費者怕上當或者買錯了。那你需要做的就是降低消費者的風險，降低消費者購買的門檻。比如小馬宋行銷諮詢的最低合作價是 160 萬元（每年都會漲價），這對許多企業來說是挺大的一筆開銷，但我們還有一個 3 萬元的見面諮詢服務，這就降低了客戶嘗試的門檻，讓客戶先體驗一次諮詢服務，也方便客戶提前對我們的諮詢品質做出判斷。

筆記 19

做廣告為什麼有效？

廣告是廣場求婚，精準投放是臥室示愛。──江南春

企業在做行銷的時候離不開廣告，但是很多人可能從來沒有想過，做廣告為什麼會有效。現在電商通路投放的效果廣告最為直接有效，因為它可以透過用戶觀看廣告後直接點擊產生交易行為。可是，有些傳統廣告，比如你在機場附近看到的那種戶外大廣告牌，經常只有一個品牌名稱，有時候甚至連產品圖都沒有，這種廣告為什麼會有效呢？

我先講一個現象，可能有助於你理解這個問題。

當你去超市裡買洗髮精的時候，你會不會先看它的品牌？然後你就會判斷，這個牌子聽說過，那個牌子好像沒聽說過。那麼，你所謂的「聽說過」指的是什麼呢？

也許你真的聽朋友說過這個牌子，但大部分情況下，你所謂的「聽說過」其實就是你看過它的廣告。甚至有時候，我們會突然意識到一個問題：好像好久沒看到這個牌子做廣告了，這個

牌子是不是不行了？

　　所以，先不管一個品牌的廣告究竟說了什麼，只要它在做廣告，只要廣告出現了這個品牌的名字，那這個廣告在理論上來說就是有效的。這其實是一個心理學效應，叫作多看效應。所謂多看效應，就是說一個東西、品牌或者一個人，你看得越多就會覺得「TA」越好。你生活中是不是也有這樣的經驗：某個新同事剛來的時候，感覺長相很普通，可是過幾個月就會發現這個同事變好看了。這就是多看效應在起作用。

　　同樣，只要品牌做的這個廣告你不討厭，你看得多了，就會覺得這個品牌還不錯，在選擇商品時就會傾向於選擇這個常見品牌。

　　因為多看效應，我們在衡量一個品牌價值的時候，最重要的就是關注它的知名度。品牌的知名度是所有品牌衡量指標的基礎，沒有知名度，就談不上品牌美譽度、忠誠度等其他指標。

　　判斷品牌知名度有三個指標。

　　第一個指標叫作品牌再認率。品牌再認率就是在向消費者展示某個品牌或者產品時，消費者能辨認出這個品牌的能力和程度。這種場景就像顧客在逛超市，當看到一個產品時，他可以立刻知道「自己聽說過這個牌子」。只要顧客意識到自己聽說過這個牌子，他對這個牌子的信任度就會自然產生，顧客選擇這個產

品的**機率**就會增加。

品牌再認率相當於「有提示提及率」，這是另一個衡量品牌知名度的指標。比如你問一個顧客，請問你有沒有聽說過元氣森林？在你提示了品牌名稱後，顧客如果回答聽說過，就是有提示提及。這就相當於在超市里看到一瓶元氣森林氣泡水時，他知道這個牌子。但略有差異的是，有可能有些顧客只認識元氣森林瓶子上那個手寫體「氣」字，他甚至喝過這個氣泡水，但就是不知道它叫元氣森林，這種情況也算「品牌再認」。

第二個指標叫作品牌再現率。品牌再現率就是當顧客產生某種需求或者想要消費時想到的品牌。按照我的理解，品牌再現和品牌再認的不同之處在於，品牌再認是看到具體的商品後「認出」這個品牌；品牌再現，是顧客頭腦中直接能浮現出這個品牌。

比如，當你走在大街上感覺口渴的時候，你的腦子裡可能浮現出農夫山泉，也可能浮現出古茗奶茶，或者浮現出某個冰淇淋品牌，這就是品牌再現。再比如，你在電商平臺上想要買一台計算機，你直接能打出品牌的名字，這叫品牌再現。這麼說來，品牌再認其實比較容易，品牌再現的難度就更高一點。但品牌再現和品牌再認本質上是和具體的購買場景相關的，也能在模擬情境中測試出來。

品牌再現相當於「無提示提及率」。比如你問顧客，你知道的生日蛋糕品牌有哪些？顧客羅列出來的就是無提示提及的品牌，也就是品牌再現。

第三個指標叫作無提示第一提及率。

顧名思義，無提示第一提及就是當一個顧客被問到知道某個品類哪些品牌的時候，他提到的第一個品牌。無提示第一提及率就是品牌首次被提及的比率。

比如你問 100 個人，你第一個想到的飲料品牌是哪個，可能 80% 的人會說是可口可樂，那可口可樂的無提示第一提及率就是 80%。今天，精準廣告投放已經被許多人接受，而且也實現了很好的回報，人們似乎覺得傳統廣告沒意思了。其實這種想法是有問題的。

你可能會發現一個現象，某個領域有個線上品牌，銷量已達數億元甚至十幾億元，可依然默默無聞，依然是一個沒有什麼知名度的品牌。為什麼呢？就是因為它的成交都是源於廣告的精準投放，也就是說它是默默成交的。

從某種角度來說，這樣的成交模式挺好，因為它的廣告確實精準。但問題是，幾年之後，它仍然需要靠精準投放廣告來獲得客戶，客戶的主動搜索很少，最終的情況就是：沒有廣告就沒有銷量。這是怎麼回事呢？恰恰是因為沒有「廣」告。它的廣告投

放過於精準了，只有少數成交的客戶知道這個品牌，知名度太低，導致永遠都要靠精準廣告生存下去。想想這也挺恐怖的。我確實遇到過一個這樣的品牌，它的老闆每年投放 2 億元左右做推廣，然後在私域成交，雖然有利潤，但是不多。品牌做了十多年，一直存在，也一直在花廣告費，但品牌就是沒有知名度。

品牌在預算有限的情況下，當然應該優先精準投放廣告來實現高效、低成本的成交，畢竟傳統的廣告在短期看來是挺浪費的。但有一定實力之後，我的建議是一定要做傳統廣告，而不是精準廣告。因為傳統廣告會擴大你的知名度，讓更多的人知道這個牌子。未來顧客在需要你的時候才會想到你，才會搜索你並產生購買行為。

精準投放的流量廣告不是不能做，而是要兼顧品牌知名度的建設。以小馬宋為例。在公司成立的前五年，我們公司的宣傳主要就是我個人的微信公眾號「小馬宋」。尤其是在我們發布了一個過去的客戶案例文章之後，往往會有幾十個潛在客戶加我們的微信。對公司來說，「小馬宋」這個公眾號發布的文章就類似於精準的流量廣告，因為關注我公眾號的人大部分是行銷領域的從業者，以及品牌公司的高層或者老闆。

如果我們還想獲得更多客戶，其實也可以把公司的案例覆盤文章投放到相對精準的公眾號上去，這些公眾號的投放也會給我

們帶來一些新的客戶。

我在前文講過,我們公司並沒有大規模投放廣告,不過一些小的投放還是有的。從 2020 年開始,我們公司與路鐵傳媒合作,在上海虹橋高鐵站投放了公司的廣告,這可以稱為我們公司的知名度廣告。雖然虹橋高鐵站的商務人群相對比較多,但它肯定是「不精準」的,看到我們公司廣告牌的客流中,至少 99% 不是我們的目標客戶。你想想看,虹橋高鐵站一年 3000 萬以上的客流,如果有 20% 看過我們的廣告,那就是 600 萬人,如果這 600 萬人中有 1% 是我們的目標客戶,那就有 6 萬人。可是,我們公司一年也就服務 20 多個客戶而已,所以我說 99% 的人不是我們的目標客戶。

但我們為什麼要投放廣告呢?很簡單,因為讓公司的知名度持續提升是我們的目標。

假設一年有 600 萬人看過我們的廣告,雖然他們不是我們的精準客戶,但不能排除其中有些人將來可能成為我們的目標客戶(例如一個剛畢業的市場行銷人員,他 10 年後就可能是一名知名品牌的市場負責人),當他們想找一家行銷諮詢公司的時候,他們就有可能想起小馬宋,或者在選擇諮詢公司的時候,會把小馬宋列入他們的選擇清單中,抑或當他諮詢朋友有沒有值得推薦的公司時,朋友也可能想起在哪裡看過小馬宋的廣告,然後向他

筆記 19 做廣告為什麼有效？

推薦小馬宋。當他們面臨選擇哪個諮詢公司的時候，這個在高鐵站見過的諮詢公司可能會優先進入他們的決策清單。這就是我們公司在品牌知名度方面的努力。

所以當有人問我「你們投放的廣告是否有用」的時候，我會告訴他，我投放廣告在那裡，並不關心有沒有用，我不關心這一兩年甚至三五年是不是有回報，只要有人看到這個廣告，我覺得就夠了。

那麼有沒有人注意到我們的廣告呢？當然有。因為自從我們的廣告在虹橋高鐵站候車大廳發布出去，就不斷有朋友拍照並發給我，說我看到你們的廣告了。

打一個不恰當的比喻，如果你在屋子裡發現了一隻蟑螂，那就證明這個屋裡會有很多隻蟑螂。同樣，如果有人拍照發給你，那就說明有很多人看到這個廣告了。

不過有些品牌並不適合投廣告，這個要根據行業情況和品牌具體情況來定，我們下文還會聊到這個話題，這一篇就不展開講了。

筆記 20

廣告的四種作用

任何行為,皆有目的。

廣告,是各種推廣活動中最熟悉、最常見的一種。

《大辭海‧經濟卷》對廣告的定義是這樣的:為某種特定的需要,透過一定形式的媒體,公開而廣泛地向公眾傳遞訊息的宣傳手段。通常指商品經營者或者服務提供者承擔費用,透過一定媒介和形式直接或者間接地介紹自己所推銷的商品或者所提供的服務的商業廣告。

雖然廣告的作用正在日益下降,但廣告依然是目前品牌方最重要的推廣方式之一。品牌方打一個廣告,通常有四種作用:匹配用戶需求,塑造品牌形象,激發或提示顧客消費,釋放所需信號。

匹配用戶需求

　　用戶有很多種不同的需求，餓了就要吃飯，饞了就要解饞，無聊了就要消磨時間，渴望遠方就要去旅遊，不想變老就要護膚，想變美就要整形，蚊子多了要驅蚊，胃酸了要吃胃藥，通勤需要開車，露營需要帳篷，參加晚宴需要禮服，想交朋友就需要社交，想湊熱鬧就要去酒吧放肆，想得到尊重就要標明身分地位……等等。

　　廣告的作用之一就是匹配用戶的各種需求，這是一個最容易理解的邏輯。廣告本質上就是為顧客提供的一種訊息服務，顧客有一些需求，但他們有時候不知道在哪裡解決這種需求，有時候甚至沒有意識到這種需求的存在，廣告就是把他們需要的訊息發送給他們，是商家向顧客提供的一種訊息服務。

　　我們過去經常看到胃藥廣告，第一個畫面出來就是有個人捂著肚子，畫外音就會說：「胃脹，胃痛，胃酸……」這個畫面和廣告文案其實就是在匹配顧客的需求。如果顧客存在胃脹、胃痛、胃酸的症狀，他們就會停止換台，去關注你提供的相關訊息。

　　網路廣告也是一樣的，我有一次在某新聞應用看到一則廣告，廣告直觀地表現了掏耳朵的畫面。那是一個可視掏耳棒，因

為我平時喜歡掏耳朵，所以立刻就下單購買了。這個廣告訊息就很匹配我的個人需求。

很多城市的家事、清潔、保姆、開鎖等服務公司，都會在巷弄間的走道裡貼那種膏藥廣告，這也是一種對用戶需求的匹配，儘管這樣的膏藥廣告很令人討厭，但一旦顧客有這種需求，它們卻是最直接有效的訊息服務。尤其是在移動網路不發達的年代，你忘了帶鑰匙，或者門鎖打不開了，那牆上那些開鎖公司的電話，對你來說就是很好的訊息。

塑造品牌形象

廣告還有一個作用，就是塑造產品功能之外的精神屬性，也就是品牌形象。

有不少知名品牌，經常在廣告中闡述自己的品牌精神，這些精神包括各種各樣的價值觀、世界觀、人生觀。越是大眾的品牌，它們的價值觀就越普世、越正向、越積極。這些不斷被強調的品牌精神，同時代表了某些圈層、理念、趣味、性格、品味等，所以這樣的品牌會成為一種象徵符號。小眾品牌通常會宣揚一種獨特的價值觀，比如叛逆、反抗等。

比如Nike會宣揚拚搏、奮鬥的個人精神，百事可樂會講年輕

人的生活要酷一點。當顧客認同這種品牌精神的時候，就會更傾向於購買這種品牌的產品。顧客在使用產品的時候，會受到這種精神的鼓舞，更重要的是，由於全社會對這種品牌的符號象徵形成了共識，他們看到這個品牌符號的時候也會認同這種象徵。

我們實際上生活在一個符號構成的世界。品牌符號是一種特別的意義符號，它們由品牌企業設計並維護，透過品牌的傳播，最終成為全社會或者部分群體中約定俗成的意義符號，從而讓顧客能識別，能體會，能利用它的意義。

一個穿 lululemon 瑜伽褲的女生，一個騎哈雷摩托的機車愛好者，一個在誠品書店讀書喝咖啡的文藝青年，一個佩戴勞力士 1955「百事可樂圈」[15]手錶的男士，都會給人傳遞某種品牌精神或者信號，這是這些品牌長期塑造出來的獨特精神和符號化象徵。

很多時候，顧客購買某個品牌產品其實就是單純地想購買它的logo，因為它代表的無形精神非常獨特，而這恰好是顧客想要表達的。

那麼，塑造品牌形象能促進商品的銷售嗎？當然可以。這樣它就能召喚全世界志同道合的顧客來到它的專賣店，在它的貨架

15　勞力士 1955 年推出的格林尼治型 II 系列 126710 紅藍配色多時區手錶，因為配色與百事可樂 logo 相同，被稱為「百事可樂圈」。

前逗留，在它的直播間裡更快地下單。

激發或提示顧客消費

　　有時候顧客早就知道你這個品牌了，但是他們就是沒有想起你來，如果你不提示，他們就不消費。所以廣告還有一個很大的作用，就是激發或提示顧客消費。

　　比如暑假馬上就要到了，父母們可能在規劃帶孩子去哪裡玩。如果這時候他們突然看到了上海迪士尼的廣告，可能馬上就會決定今年暑假去迪士尼。有時候你可能在某個餐廳儲值會員了，但是有一陣子忘了去消費，有一天你突然在社交平台看到這個餐廳出新菜品了，那你可能會決定今晚馬上去消費。

　　顧客生活中很多消費決定是偶發的和隨機的，當他們看到你的廣告的時候，就決定消費了；如果沒有這個廣告，他們要嘛沒有消費的意願，要嘛就去消費別家的產品了。

　　所以即使是世界上最知名的品牌，即便是可口可樂，也需要不斷打廣告。廣告不能停，停了，顧客就把你忘了。

筆記 20　廣告的四種作用

釋放所需信號

廣告還有一個作用，就是釋放品牌想釋放的信號。

其實人類的大部分行為都是在釋放一些信號。一個在朋友圈曬自己做飯的女性，想要釋放的信號是「我很賢惠」、「我很懂生活」；一個開著豪車、身穿正裝、手提禮物去見未來岳父的準女婿，釋放的信號是「我有經濟實力，可以照顧好你女兒」、「我很懂事」；一個諮詢公司的從業者發了一條朋友圈，說「簽約了新客戶」，釋放的信號是我們有實力，我們公司經營得不錯；廣告也是一樣，做廣告本身也是在釋放信號。

比如，我們常常在一、二線城市的高鐵站看到大量的家具品牌廣告，這些廣告通常沒有太大的區別，一般是找一個女明星代言，再放上品牌和家具的訊息。看得多了，有時候你都分不清楚究竟是哪個品牌。

那麼，這些家具品牌的廣告，真的能促進家具的銷售嗎？能不能促進家具的銷售，我們尚無證據，因為普通旅客一年也就乘坐一兩次高鐵，他們一年看一兩次這樣的廣告，效果好不好也沒有實驗去證明。但這種廣告還有一個更重要的作用，就是釋放一種信號。

這種信號，是釋放給這些家具品牌經銷商看的。

銷售真相

在過去的 20 年，在中國家具市場上，大部分家具品牌要想獲得銷量增長，核心是要找到更多的經銷商，經銷商越多，品牌的銷量就越高。其實購買家具的顧客很少有指定購買的家具品牌，他們的購買決策受到朋友推薦、設計師、裝修公司等第三方力量的影響；還有很大可能是在家具城裡隨機逛，哪家的銷售能力強，就買了哪家的品牌。所以一個家具品牌的經銷商越多，它成交的可能性就越大，成交量也就越高。

一個品牌想要增加經銷商，就要給經銷商信心。打廣告，就是釋放一種信號，表示自己很有實力，會有很多的廣告支持經銷商做銷售。

那廣告通常會釋放哪幾種信號呢？通常有以下幾種。

1. 信任與實力信號

我公開打廣告，表示我很講信用，所以你可以相信我。但是，確實也有少數無良商家利用了顧客的這種信任，在權威媒體上打廣告「割韭菜」。早年這種事層出不窮，不過隨著監管越來越嚴格，這種現象已經沒那麼多了。

實力信號和信任信號的作用類似，都是讓消費者覺得你有實力，從而產生信任，才會購買你的產品。

大部分廣告都會強調自己的實力，比如「上市公司」、「暢銷全球××國」、「銷量全網第一」、「紅點設計大獎」，等

等。諮詢公司打廣告，常常會講自己的知名客戶和知名案例，因為知名客戶就能證明你提供諮詢的能力。

而廣告數量和廣告媒體本身就是這種信號的一種表達，投放廣告數量越多，投放的廣告位越高級，說明實力越強。

還有一種能力信號，我先舉個例子。我在 10 年前辦過一個文案培訓班，當時為了推廣這個培訓班，我寫過一系列廣告文案，後來被總結成了「一個廣告文案的自白」系列。當時有一篇自白，是怎麼給豬飼料寫出高大上的文案，我翻出了這一篇，大家可以感受一下。

我曾經是個文案，有一陣子我的客戶都被一個概念傳染了。那個概念叫「高端大器」。

回頭看，那是一個連豬飼料都追求高端大氣的時代。

更可悲的是，我服務的客戶的主打產品就是豬飼料：壯士牌豬飼料。

銷售真相

有一天,客戶說要在文案裡體現人文情懷:

> 它們終將為人類粉身碎骨
> 所以對它們要好一點

能不能來點貴族氣息?

> 即使王者出巡
> 也無法讓500位體重200公斤的壯士相隨

給我們一個獨特的觀點吧!

> 不是所有的肥胖都令人討厭

筆記 20　廣告的四種作用

聽起來很大氣，但不知所云的：

壯士牌 豬飼料

影響那些影響世界的豬

可不可以顯現我們的高貴品質？

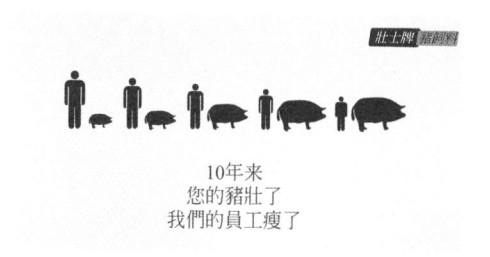

壯士牌 豬飼料

10年來
您的豬壯了
我們的員工瘦了

給力一點的：

壯士牌 豬飼料

請參照動物園大象館改造您的豬圈

寫出點戲劇性好嗎?

> 天哪,誰讓我家的公豬懷孕了?
>
> 如果您的豬在吃壯士牌豬飼料,
> 我想那不是懷孕,只是太胖了而已
>
> 壯士牌豬飼料

有點哲學味道的:

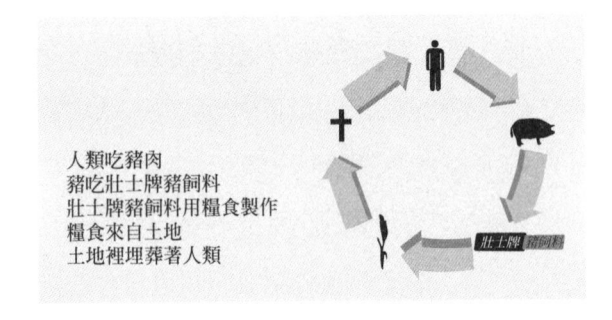

> 人類吃豬肉
> 豬吃壯士牌豬飼料
> 壯士牌豬飼料用糧食製作
> 糧食來自土地
> 土地裡埋葬著人類
>
> 壯士牌豬飼料

你知道,每一個廣告文案都是在用「繩(生)命」寫作
現在,我已不在廣告圈,但廣告圈裡也沒有我的傳說……

以上就是我當時寫的豬飼料的文案。那麼我問一個問題,這種豬飼料的文案真的能賣出豬飼料嗎?肯定賣不出去,因為會買豬飼料的人也看不懂這種文案。可是為什麼我還要寫這種廣告文

案呢？因為我是教人寫文案的，我必須在廣告中傳遞一個信號：我有能力寫出更好的、讓人驚嘆的文案。

所以這個豬飼料廣告賣不銷售不重要，重要的是看這個文案培訓班的潛在廣告客戶會不會覺得你的廣告文案寫得很牛，這也是一個能力信號的釋放。

其實把廣告拍得美輪美奐，找大牌導演執導、知名演員代言，都是釋放能力信號的一種。

2. 熱門或者流行信號

廣告越多，顧客就會覺得你越搶手，也會覺得你的品牌現在很流行、很熱門。只需要輕度決策的商品，需要一種流行或者熱賣信號。比如一家奶茶店開業，經常會辦買一送一或者 1 元喝奶茶活動，這時候排隊人數就特別多，排隊人數越多，說明越熱賣，顧客就會越願意嘗試，所以奶茶行業也有雇人排隊的傳統玩法。

請明星曝光或者拍明星在哪裡消費，也是一種隱形的熱門信號。看到的人會覺得，「哇，原來××也用這個牌子，看來真的很流行，我也要試試」。

對於時尚產品，比如服裝，或者決策難度不高的產品，比如奶茶，製造流行或者熱門的信號就很重要，顧客也很容易因此下單。

3. 決心或者保證信號

比如行業內兩個或者幾個巨頭搶市場，大量的廣告就會釋放一種決心：你看我很有錢，你跟我耗不起，要不你別玩了，或者讓我收購？

據36氪[16]報導，在2023年6月5日門市突破萬店時，瑞幸咖啡在全國門市推出了「萬店同慶」的9.9元感恩回饋活動，引發了大量響應。瑞幸咖啡董事長兼CEO郭謹一表示，9.9元活動將常態化進行，且「活動將至少持續兩年」。不管是9.9元特價咖啡的廣告，還是瑞幸董事長的表態，其實都是在釋放一種決心的信號。

最近這兩年奶茶行業競爭激烈，我經常會看到某奶茶品牌發一個廣告，說提供1億開店補貼，開啓萬店計劃。這也是一種決心信號，它會給同行或者加盟者提供信心。

「無效退款」「不滿意退款」「保修十年」等，則是一種保證信號。

4. 重視或者用心信號

我用廣告來告訴你，這件事我很用心。在美國租車行業排名第二的安飛士租車就是這種做法，下面給你舉其中一個例子。

16　36Kr全稱是北京多氪信息科技有限公司，是一家科技與財經的新媒體。——編者注

廣告標題：當你僅處於第二位時，你只能加倍努力，否則……

廣告內文：小魚不得不在所有時間裡放棄休息，因為大魚永遠不會停止搜尋。安飛士知道所有小魚的困境。當我們在租車行業中只占第二位時，如果我們不加倍努力就會被其他公司吞掉。在租出我們的車以前，我們總要檢查每輛車的油箱是否加滿，電池是否充足，還有雨刮。這樣，我們租出去的每輛車都是充滿活力、嶄新的超級福特。因為我們不是大魚，在我們的營業點上你永遠不會受到任何怠慢，因為我們沒有那麼多的顧客。

當顧客購買一個服務或者一個產品的時候，如果他很關心你用不用心（比如兒童產品），那這種傳遞用心信號的廣告就可能會打動他。

筆記 21

一個新品牌究竟是怎麼從 0 到 1 進行推廣的？

創業早期，錢貴人賤，那就堆人，大量投入人的精力去換取回報。企業做大了，人貴錢賤，那就堆錢，投入大量金錢去成事。

說到推廣，大部分人首先想到的是廣告。廣告公司的工作包括創意廣告內容，拍攝 TVC 或者宣傳片，設計廣告海報，設計廣告投放方案……等等。但說實話，這些推廣大部分是有錢有實力的品牌能做的事。它們本身就有成熟的品牌，有完善的市場行銷體系，有大量的廣告預算。像Nike、可口可樂、寶僑這樣的公司，一條 TVC 的拍攝費用就可以達到幾百萬元到上千萬元人民幣，如果要請知名導演操刀，還要加上數百萬元的導演費，再算上邀請明星代言的費用，一條 TVC 的基礎費用可能就要千萬元起步。拍完廣告片，還要在線下線上做宣傳，廣告費就要以億為單位來計算。2019 年，可口可樂全球全年的廣告費用是 42.5 億美元，這真是大手筆，但普通品牌是學不來的。

筆記 21　一個新品牌究竟是怎麼從 0 到 1 進行推廣的？

　　眞實的商業世界中，99% 的企業都是小企業，甚至都是起步兩三年的小企業，他們不可能有那麼多錢去投放廣告。既然如此，一個企業或者一個品牌究竟應該怎麼做推廣才能逐漸發展壯大呢？

　　我查過很多案例書和理論書，對品牌如何從零做大說得都不是很明白，或者語焉不詳地一帶而過。這也符合現實，因爲小公司長大的過程往往是看不見或者沒人注意的，所以很少有人講小企業該怎麼做推廣。有人可能會舉出幾個例子，你看某某品牌就是一舉成名，它們透過投放某某廣告做到的。這麼看問題未免過於簡單。問題是，絕大部分品牌就連早期投放的錢也沒有。

　　當然，確實有些品牌從成立第一天起就鋪天蓋地，不過這是少數。我現在想說的是，那些沒錢的企業怎麼辦？

　　我的回答是，沒什麼好辦法，你最好接受企業只能慢慢長大甚至大部分企業都長不大或者死掉的現實。一夜成名的案例極少，你不要追求這個。有了這樣的心態，你才能安靜而堅定地去做一些事。

　　小企業能慢慢把一個品牌做起來，唯一的辦法就是踏踏實實，小步快跑地去嘗試、改進和發展，透過遠超同行的努力和創新，不斷提升企業的效率，降低企業的成本，這樣才能在殘酷的商業競爭中存活下去。你拚不動資本，你就拚工作時間和工作效

率；你請不起優秀員工，就由創始團隊主動學習和歷練來完成企業發展中的各項任務。比如一家餐廳，過去可能靠線下發傳單，靠不斷積累忠實用戶做大；現在它可能靠小成本地去投一些小紅書或者大眾點評、抖音的廣告，不斷調整選擇有效的媒體和網紅，積累自己的投放和推廣經驗，慢慢把餐廳做大。

推廣動作做多了，你就會積累經驗，就會知道什麼媒體、哪個網紅的回報率高，也會知道什麼時間、什麼內容更容易轉化和傳播。有了經驗之後你就會有信心，透過不斷嘗試、改進，做到不斷發展。當然你也可以一開始就找到一個懂行或者資深的推廣專家，把嘗試和改進的進程縮短，更快地進入發展軌道。

在企業初創期，你沒有大把資金，就只好靠創新和時間、精力上的投入。有拈頭成都市井火鍋的創始人黃天勇跟我說過，他做有拈頭火鍋之初，發現抖音上有人把吃他的火鍋的影音發布出來，他就一個一個找到這些發布者，感謝這些早期免費傳播有拈頭火鍋的顧客，這為有拈頭火鍋早期的傳播奠定了基礎。這種做法就是在沒有太多資金的時候，用早期團隊的精力來換傳播的效果。

沒辦法，要想做事，要嘛投人，要嘛投錢。創業早期錢貴人賤，那就靠人的時間和精力來換更多的推廣效果；以後錢多了，人的時間貴了，那就用錢來換時間，用錢來做推廣。

筆記 21 一個新品牌究竟是怎麼從 0 到 1 進行推廣的？

　　我說了這麼多，其實跟沒說一樣，我最大的功勞可能在於能夠消除許多創業者的焦慮。其實企業小的時候，大部分就只能慢慢做，積累經驗；進入快車道以後，再找合適的媒體大力投放，快速推進。這才是商業世界的眞相。

筆記 22

花小錢辦大事——用創新實現低成本傳播

整個城市有那麼多家便利店，只有 7-11 的招牌側面是轉角也能展示的，這就讓從側面路過的顧客，也能一眼就識別出這裡有一家 7-11。

前面我講過，做品牌推廣，要嘛投人，要嘛投錢，沒有別的辦法。這就是競爭的本質，要想在競爭中獲勝，要嘛在時間和精力上進行壓倒性的投入，要嘛就是在金錢和資源上進行壓倒性的投入。比如當年華為看到小米在手機市場上大獲成功，所以決定正式入場做手機（之前只是給幾個電信服務商做終端機），一起步就投入了 12000 人的研發隊伍，研發人員是當時小米的 60 倍，這就是壓倒性的資源投入。其實還有一種方式，那就是透過創新來獲得推廣效果。當然創新本身就是深度思考的投入，你也可以認為這是一種時間和精力的投入。我以前經常講一個觀點：在品牌傳播上，不要指望花小錢辦大事，

不要指望一夜爆紅。但是，有沒有例外呢？尤其是當一個品

筆記 22　花小錢辦大事——用創新實現低成本傳播

牌處在初創期,沒有太多資源和資本去做推廣的時候,有沒有辦法讓這個品牌或者公司獲得更好的傳播呢?

我的答案是,確實有,不過你不能走尋常路,你只能透過創新去獲得低成本傳播。這符合經濟學家熊彼特的創新理論,即只有創新,才能獲得高於同行的利潤。在廣告傳播上,這個結論同樣適用。

所有從事行銷的人都會面臨兩個很殘酷的現實:一個是你的品牌知名度永遠都不夠,所以像Nike、可口可樂那麼知名的品牌依然需要持續做廣告;二是你的市場費用永遠都不夠,這一點從事市場工作的朋友可能深有體會。即使寶僑、可口可樂這樣的大品牌,它們的市場費用也是有限的,那些剛剛起步、收入不高,也沒融到多少錢的企業,市場費用就更少了,所以這個時候你可以考慮如何去做低成本的傳播。

嚴格來說,低成本傳播不是一個方法,而是一種傳播理念。那麼如何做到低成本傳播呢?下面我講兩個方法,一個方法叫公共資產私有化,另一個方法叫開發自媒體。

公共資產私有化

所謂公共資產私有化,就是很多媒體、很多產品、很多區域

是為大眾服務的,它的存在是向大眾展示訊息或者提供服務,如果你能把它轉化成你的個人媒體,讓它成為展示你私有品牌的地方,那我們就說你把公共資產私有化了。

公共資產私有化有兩個關鍵步驟,第一步是你要找到這個公共資產,第二步是你要讓這個公共資產成為媒體並為你服務,成為展示你的品牌的地方。

下面我主要以我的創業經歷跟大家講一講。

2012年,我和三個朋友一起創辦了一個個人技能經驗分享交易網站「第九課堂」,這個網站有點像今天的「在行」。因為我們也沒拿到很多投資,所以初期宣傳還是很謹慎的,能不花錢就不花。

沒有錢,我們就要思考如何才能免費宣傳第九課堂這個網站。最初我們想到了所有關注網際網路創業的媒體,比如時至今日一直保持較高熱度的36氪。當時我打聽到36氪的主編每周會在固定時間到當時非常著名的創業咖啡館「車庫咖啡」去採訪創業者,所以我在車庫咖啡找到了他,然後我就把第九課堂的商業模式和目前的進展跟他講了一遍。他對我講的東西很感興趣,很快就寫了一篇創業報導,不過我們網站當時還在籌備中,只有一個「敬請期待」的頁面。因為36氪的一篇報導,我們的網站來了大量訪客,甚至我們的網站當天就被湧來的流量搞崩潰了。

為了不浪費這些訪客流量，我們在「敬請期待」的頁面上留下了第九課堂的官方微博，可以直接點擊關注，這就為我們帶來了第一批微博粉絲，當時大概有幾千人吧。

　　找媒體報導其實是最普通的傳播方式了，但如何能做到讓他們免費報導，這才是你應關注的點。你只有講出了媒體關心的內容，他們才會免費報導你。比如當時 36 氪的主編跟我聊了一個小時，他也沒有特別感興趣的點，因為我們網站還沒開張，商業模式也是模仿了美國的一家網站。後來我就聊到，我們已經跟大約 200 個不同公司總監級別的人簽了約，他們成為第一批在我們網站分享個人技能和經驗的種子用戶，他就覺得這很好，有能報導的點，可以寫，所以就有了後來的那篇報導。

　　不僅 36 氪，其他媒體也一樣，你只要找到媒體關注的方向，提供它們關注的內容就好了。當時有一本很有名的財經雜誌叫《第一財經周刊》，我買了一本，發現這本雜誌有個固定欄目叫「好想法」，專門報導好的商業模式和點子。後來我就按照雜誌上留的編輯EMAIL發了郵件，跟他們講述我們的新商業模式。《第一財經周刊》很快就派了一位記者聯繫採訪我，並發了一篇報導。這篇報導的效果超出我的想像，因為在一年後我遇到一位用戶，他從成都來北京出差，還專門到我們辦公室來拜訪並參加了一堂分享課。他說一年前看過《第一財經周刊》的報導，

當時覺得這個模式非常好,但因為在成都沒法來北京上課,所以趁出差就過來了。

當然這還是一種常規的公共資產私有化,還有一些可以利用的公共資產,你可能都沒有意識到它實際上是可以作為私有資產使用的。我們剛開始創業的時候,辦公室是建外SOHO[17],我每次從國貿地鐵站出來看到地鐵出口那裡洶湧的人流,就在想怎麼才能利用這麼大的人流量。那時候還沒有共享單車,很多人都騎自行車上下班,國貿地鐵出口那裡擺了很多自行車。我就想,這個地方可以作為一個宣傳陣地,所以我們弄了一輛自行車,把後座改造一番,後座上放了一個很大的箱子,上面就印著我們的廣告,長期停放在國貿地鐵站出口。

你看,我們又一次把公共資產私有化了。

還有一些公共資產私有化的例子,我來說幾個。

2013 年 7 月,新浪微博推出了一個物聯網產品「@ 海澱橋路況」。它當時是一個企業藍 V(企業認證)帳戶,這個帳戶每隔 20 分鐘會自動發一條微博,每條微博會附帶一張實時拍攝的北四環海澱橋附近路況的照片,這個拍攝路況的攝影機就安裝在新浪辦公樓理想大廈的窗口上。那時候這個帳戶比較新鮮,很多人關注,後來就被一家小企業利用了,那家公司根據這個帳戶攝

---

17 建外SOHO位於北京CBD核心區。——編者注

影機的拍攝位置，在天橋上對準攝影機拉了一個大橫幅，這相當於讓這個帳戶自動幫忙發了廣告，也就是做到了公共資產私有化。

得到 App 在更新品牌 logo（就是大家熟悉的那隻貓頭鷹）的時候，廣告公司爲貓頭鷹做了一系列衍生品，其中就包括行李箱。那時我在提案現場，就提議，一定要在旅行箱的兩面都印上這隻貓頭鷹，而且要做很大，得到的員工以後出差都要帶這款旅行箱，這樣就能被機場的人看到。我還提議，得到的員工在取旅行箱時應該讓旅行箱在傳送帶上多轉幾圈再去拿，這就實現了公共產品私有化。那麼多人在那裡等行李，這就等於在機場做了廣告。

所以，凡是有機會面向很多人展示訊息的公共產品或者資源，都可以考慮將其私有化，讓它們成爲自己品牌的傳播資源。

你還記得當初滴滴出行剛推出來的時候是怎麼叫車的嗎？那時是直接說話，發語音留言給司機，而不是像現在這樣輸入出發地點和到達地點。這就給我們一個機會，可以利用滴滴出行來做一些推廣。

怎麼做推廣呢？我有個同學開了一家中醫診所，他們診所的一個醫生開發了一個中藥配方，對痔瘡治療非常有效，他問我怎麼推廣。我向他提議，因爲出租車司機常年開車，是痔瘡的高發

人群，他可以透過滴滴打車，用語音叫車，其實是給他的診所做廣告，就說中藥三個月根除痔瘡，無效退款，然後留下電話。如果想多傳播，就多找幾個人在不同的地點去發這樣的語音。

我還聽到一個朋友給我講過一個案例。

他說有個人開了一家汽車修理廠，但是剛開業業務並不多，這就需要想辦法獲得新客戶。汽車修理廠的客戶有兩類，一類是常規保養客戶，還有一類是事故車客戶。他想做事故車客戶的生意，但怎麼才能快速找到這些客戶呢？

他想了一個辦法。他找到他的修理廠附近的美團外送員，給這些外送員留了電話，如果他們在送餐路上看到哪裡出了車禍，只要打電話告訴他，就能收到一個大紅包，而這個修理廠老闆就會快速趕到車禍現場。很多出車禍的車主缺乏相關經驗，對如何處理、如何理賠並不瞭解，這時候突然有人來教他們怎麼處理，感覺就像遇到救星一樣。所以，他也就可以順理成章地獲得車主的維修業務。

你看，即使是一個看起來跟媒體毫不相關的產品或者其他公司的員工，我們也有機會把它私有化為一個傳播媒介和銷售人員。

開發自媒體

說到自媒體，大家可不要誤解，我說的自媒體並不是指微信公眾號之類的媒體。對一個企業來說，自己的媒體就叫自媒體。比如你有一個車隊，那這個車隊就是你的自媒體；你有一座廠房，這座廠房就是你的自媒體；你有1000個員工，這1000個員工就是你的自媒體。

開發自媒體，就是要把你自己有的、可以利用的資產充分媒體化，讓它們對外展示你的企業或者品牌，這也可以叫作私有資產媒體化。

在講這個方法前，我先和大家講一個故事。

好多年前，美國標準石油公司有一個小職員叫阿基勃特，雖然只是一個小職員，但他總是盡可能地為公司多做貢獻，因為只有公司更好，自己的收入才能更多。後來阿基勃特為公司想出了一句朗朗上口的廣告語：「標準石油，每桶4美元」。這句廣告語非常符合我們創作廣告口號的要求，不僅朗朗上口，還包含了產品價格和品牌，訊息量很大，而且在那個時代，寫起來也非常簡短方便。

後來阿基勃特只要有簽名的機會，就會在自己的名字下面寫

上「標準石油，每桶 4 美元」這句話。不管是寫信還是商場的結算單上，亦或住旅館簽單，甚至圖書館借的書，他都會夾上一張他簽名的小紙條。

阿基勃特的職位不斷提升，但始終沒有忘記持續宣傳公司，所以他在公司得了一個外號叫「每桶 4 美元」。後來，洛克菲勒退休，阿基勃特接替他成為標準石油公司第二任董事長。

我們說開發自媒體，就是時刻不忘隨時隨地宣傳自己的品牌，要利用一切可以利用的機會和位置進行宣傳。

開發公司的自媒體，包括人和物兩個方面。

比如我每次公開演講的時候，都穿一件印著「小馬宋」字樣的T恤，這樣演講時的攝影以及演講後的合影，都會帶來「小馬宋」這個名字的傳播，這就是把自己的身體當成了媒體。所以我說過一個觀點，叫「CEO 的胸是企業最好的廣告位」。

因為我看到大批創業者、企業家公開演講的時候，從來不穿帶自己企業名字或者 logo 的服裝，而這個公開演講場合可能是某個網際網路大會，也可能是某個電視臺的節目，你看這不就是白白浪費了傳播機會嗎？

當然也有做得好的。羅振宇作為創業圈裡的知名人物，他自己就有很大的關注度和流量，所以他在脫口秀節目《知識就是力

量》中，自己穿的西服上永遠戴著一枚貓頭鷹符號的胸針。羅振宇的著裝就是得到 App 一個很大的自媒體。

我講過熊貓不走蛋糕的案例，它就很注重自媒體的開發。熊貓不走的員工，只要有私家車的，公司就要求他們在車上貼上公司的 logo，當然公司會給員工一定的補貼。如果有員工願意把自己的車整個噴成公司品牌的視覺符號，公司的補貼力度會更大。他們的送貨員，每人都要穿上熊貓服裝，戴熊貓頭套，這樣就增加了顧客和送貨員合影拍照發朋友圈的機率，也就增加了曝光機會。他們每天有大量送貨員在路上跑，顯眼的熊貓服裝也是一個展示機會，所以熊貓配送員就是他們重要的自媒體。

我們還有一個客戶，叫仲景食品。我去仲景食品味於河南西峽縣的總部工廠去參觀，發現仲景食品的停車場上，只要是白色的車都印著仲景的 logo。原來公司發了補貼給員工，只要貼上公司的 logo，公司每個月給員工補貼 200 元。所以你在西峽就會經常看到帶有仲景食品 logo 的私家車。

開發公司的自媒體，不僅有人，還有物。公司自有的東西，只要是能向公眾展示的，都可以成為你的自媒體。

比如順豐速遞，每天有成千上萬的快遞車和物流車跑在路上，這個巨大的車隊就是非常好的自媒體。順豐的視覺形象雖然在我看來還不夠完美，但順豐的物流車隊視覺統一，識別度很

高，比其他快遞公司要好很多，也更容易識別。

如果你是開實體店的，你的店面店招就是你的自媒體。店面當然要做到視覺上醒目，才更容易被人發現。不過還有一個點可能許多店主忽略了，在打烊之後，很多人就選擇關掉店面的燈光。其實如果你晚上9點打烊，照樣可以開著招牌燈，這樣晚上走路的人就能注意到你的招牌。尤其是北上廣這樣的繁華城市，即便深夜也有好多行人。可是很多打烊的門市卻把燈關掉了，這就浪費了很好的宣傳機會，因為這時大部分店都關門打烊了，如果你的店能開著燈，就會更加醒目。

樂純優酪乳的創始人劉丹尼跟我講過樂純優酪乳在名片上的自媒體設計。

劉丹尼說，名片其實就是對方保留你的地址和電話的一種方式，但現在大家已經習慣了互加微信，那這張紙片的意義就不存在了。但是樂純為名片找到了一份新工作，那就是成為公司的一個自媒體。

劉丹尼思考了一個問題：既然名片就是一張讓對方記住你的公司、你的名字、你的聯繫方式和你的品牌的一張紙，那麼怎樣讓對方主動學習、主動瞭解你的公司和產品呢？於是樂純對名片進行了重新設計，樂純的每一張名片，正面是正常的個人和公司訊息，而背面卻是一張可以在樂純門市兌換優酪乳的優惠券。

这樣你在跟別人交換名片的時候就可以說:「您好,這是我的名片,您可以用它在樂純的任意一家門市直接兌換一種口味的優酪乳。」他們共設計了四種口味的優酪乳,因此他在發名片的時候還可以說:「我們的優酪乳共有四種口味,您可以挑選一個您最喜歡的。」

這樣,一張名片不僅成為一個記錄聯繫方式的紙片,還是一張鎖定新顧客的優惠券,並成為宣傳公司產品的宣傳頁。

有意思的是,在一些行業大會上,經常有人在拿到樂純的名片後,再招呼更多朋友主動跟樂純的員工交換名片。當大部分其他名片被迅速丟入垃圾筒時,樂純的名片卻可以幫助社交破冰,讓合作方主動記住品牌並嘗試產品。

我自己的旅行箱上就印著公司的名字和 logo,我的手機待機螢幕顯示也是公司 logo。所以你看,你公司擁有的任何物品、任何人,其實都可以成為宣傳你的品牌的自媒體。

所以大家一定要記住,自媒體不僅僅是微信、微博、抖音、快手,自媒體其實是你自己擁有的媒體。當然聰明的朋友可能想到了,那我的產品不也是我的自媒體嗎?是的,很多時候,你的產品可能是你擁有的最大的自媒體。當你開著小小的、酷酷的 MINI,當你駕駛一輛拉風的特斯拉,當你穿著三條線的愛迪達斯運動服,當你拿著星巴克綠色的咖啡杯,當你手提印

滿「LV」花紋的包包，當你拍下茶顏悅色的奶茶發朋友圈的時候，你就是在幫這些品牌做廣告。

這個時候，設計醒目、識別度更高的產品就獲得了傳播優勢。這裡我講的是低成本傳播，其實還有許多其他方法，限於篇幅無法一一講解。請記住一句話，任何可以面對大眾展示的東西都可以成為你傳播品牌的載體，你只要發揮無窮的想像力，去創造更多的低成本傳播方式就好了。

筆記 23

推廣的本質在於降低顧客的交易成本

一般長角的動物，都沒有什麼攻擊性。角是用來防禦的，牙齒和爪子是用來進攻的。動物不可能兼顧防禦和進攻，因為那樣做的成本太高，那樣的動物都被自然淘汰了。

我遇到過很多朋友，他們特別喜歡學習，所以看了很多行銷書，然後呢，就看糊塗了，因為每本行銷書講的角度和觀點都不一樣，他們就不知道該聽誰的了。

後來我就和他們講了一條關於行銷的最簡單的本質：行銷就是降低顧客的交易成本。這個原理其實來自科斯（Ronald Coase）的交易成本理論（Transaction Cost Theory）以及華與華方法[18]，但科斯講的是企業的交易成本，我們在這裡講的是顧客的交易成本。

強調一下，顧客的交易成本可不只是顧客購買商品的成本，

---

18 《華與華使用說明書》，江蘇鳳凰文藝出版社，2024年7月1日全新增訂版。——編者注

商品價格只是顧客交易成本的一部分，在不同情境下，顧客有不同的交易成本。下面我們就講一講顧客的幾種交易成本。

顧客的記憶成本

所有的廣告和傳播，最核心的目的都是讓顧客記住你的廣告。那麼對一則廣告來說，你想讓顧客記住什麼呢？我認為有三方面內容：你是誰，你怎麼樣，你有什麼事。這三方面內容，一則廣告中至少要有一方面才行，最好是三方面都有。

「你是誰」，就是顧客看完廣告之後，應該知道這是什麼品牌的廣告。你可能覺得，一個廣告，顧客看完不知道是什麼品牌，這不是很可笑嗎？但這種情況並不鮮見。有些品牌特別希望弱化廣告的廣告色彩。我就常常聽客戶說，這個廣告太直白了，我們不想讓顧客看到這個廣告，不想讓顧客感覺到這是我們的廣告！

既然是廣告，那就首先要讓顧客知道這是什麼品牌的廣告，所以一支傳統的 TVC 中，至少要三次提及品牌名稱，顧客才更容易記住。前面我講過，取一個好記的品牌名稱很重要。所以我很喜歡像《奇葩說》那樣的廣告插播形式，主持人或者嘉賓在做廣告的時候毫不遮遮掩掩，這才叫廣告嘛。現在仍有很多在新媒

體上做的所謂的植入式廣告，比如一條短影音，拍的是 KTV 裡的搞笑事，但可能植入了食族人酸辣粉的產品。假如這條影音播放量很高，可是大部分觀眾沒有注意到這裡面有食族人的酸辣粉，那它就是失敗的。所以，像這種極其隱蔽的植入廣告，就需要在評論區裡專門安排人來「發現」食族人酸辣粉的存在。

「你怎麼樣」，簡單來說，就是告訴顧客你為什麼好，好在哪裡，顧客憑什麼買你。比如 OPPO 的「充電五分鐘，通話兩小時」，三胖蛋的「十斤瓜子選二兩」，都是非常濃縮且強烈的產品特點，顧客一看就知道你好在哪裡。

最後是「你有什麼事」。所有廣告都有目的，你要說清楚、說明白。如果是「雙十一」促銷的廣告，那你就要告訴大家今年有什麼優惠，有什麼知名品牌打折……等等。

當然，所有這些你想要顧客記住的內容，都應該簡單好記、令人印象深刻。每個顧客每天都處在無窮無盡的訊息中，廣告也是訊息的一種，你的內容一定要好懂，容易記憶，最好是印象獨特。關於這個內容，後面也會展開講述。

搜索和發現成本

搜索和發現成本，就是顧客怎麼才能更容易地找到你。王老

吉的紅罐涼茶，在超市堆放面積非常大，顏色又醒目，所以顧客就很容易看到它，這就降低了顧客的發現成本。你的餐廳店面招牌做得更大更明亮，顧客發現你的成本也就更低。同樣，在手機屏幕或者電商搜索頁面上，你的 App 更顯眼，你的電商縮略圖更醒目，就能降低顧客搜索發現你的成本。顧客想吃午餐的時候，他會用美團來搜索，他怎麼才能在搜索界面中更快地發現你，取決於你對美團搜索的優化和廣告推廣的效率。

你可以到街上去看看 7-11 便利店的店招，不僅內打燈很亮，還非常大，只要允許，它儘量做寬做長，這樣就更容易被發現。此外，它能被顧客發現，不僅僅是因為它的 logo，還因為它整體的視覺是紅、橙、綠三種條紋的設計，logo 永遠沒有店招的面積大，所以顧客遠遠看到紅、橙、綠三個條紋的大牌子，就知道這是 7-11 便利店了，它的發現成本就很低。

顧客決策成本

顧客決策成本就是顧客發現某個品牌後能不能快速決定購買。顧客發現了王老吉，他走到貨架前，發現王老吉外包裝上寫著「怕上火，喝王老吉」，如果恰好他是一個容易上火的人，那他就會想，要不我買一瓶試一下？如果他曾經看過王老吉的廣

告,即使沒有看到「怕上火,喝王老吉」這句話,他也會購買,所以廣告和品牌知名度本身也降低了顧客的決策成本。當然,品牌本身就能降低顧客的決策成本,因為越是優質的品牌,越能贏得顧客的信任。

我們在服務元氣森林的時候,針對喝過元氣森林的顧客做過市調,有一個問題是:「你購買第一瓶元氣森林的時候,是什麼讓你決定買一瓶來試試呢?」90% 的被市調顧客說,是因為看到包裝上寫著「0 糖,0 脂肪,0 卡路里」才決定購買的,所以這個包裝就降低了顧客的決策成本。

這就是一個具體的顧客決策過程,而包裝就是為了降低顧客的決策成本,所以才會寫上很多購買理由。你看農夫山泉,它也會寫「從不使用城市自來水,不含任何添加劑」、「取自長白山莫涯泉天然泉水」,這就是農夫山泉在試圖用包裝打動你,希望你儘快買它,它在降低你的決策成本。

有一次我坐高鐵,遇到一位推銷奶酪的列車銷售員,我觀察她賣奶酪有一種獨特的技巧。比如她是順著列車向前走,每到一個座席她就停下來跟乘客介紹奶酪。但她邊介紹邊時不時往前看,還不停地打招呼:「前面的乘客也想買是吧?您先等會兒,我給這裡的乘客介紹完就過去。」我順著她的方向往前看,根本就沒有乘客在招呼她。但她在一節車廂內至少要打 5 次以上的

招呼,這個假裝出來的招呼,實際是她自己製造出來的「熱銷感」,讓正在猶豫的乘客突然覺得這東西很受歡迎,往往就會下單了。大家看這個故事,因為是上帝視角,覺得這種技巧很低級,實際上我們代入坐高鐵的情形中,就不是那樣了。

以前我坐綠皮火車,在火車車廂裡見到過賣襪子的推銷員,他拿個鐵刷使勁刷他的絲襪,刷完後絲襪還完好無損,顧客看到,「哇,品質這麼好」,所以很容易就決定購買了。這個示範就是降低了顧客的決策成本。這種叫賣和展示方法,多年以後被用到了直播帶貨領域。

直播帶貨,那就有更多促使顧客下單的花招,最簡單的,就是主播會跟助理配合:「怎麼這麼快就搶完了?那跟商家聯繫一下,看能不能再上 200 包?今天發福利,讓他們大方一點⋯⋯」其實後臺商品根本就沒斷貨,都是主播製造出來的熱銷感和緊迫感,讓正在看直播的觀眾覺得需要馬上搶。

顧客在路邊看到一家奶茶店,如果他是一個新顧客,影響他購買決策的最重要因素是什麼?其實這個答案很明顯,我們每個人幾乎都有這樣的經歷,就是看這家店門口排隊的人數。但排隊人數也有講究,排隊少了,顧客會覺得你生意不好,排隊人數太多,他可能會放棄購買,因為時間成本太高。所以排隊的人數最好是 3~8 個,這樣顧客會覺得你家生意不錯,排隊時間也不會太

長。

當然還有一些次要因素。比如店裡燈光的布置很合理，從外面看上去就會比較舒服，給人的感覺就好。比如你的新品和熱賣飲品，都可以用大海報的形式做出來吸引顧客下單。你還可以用一些真實的數據來促使顧客下單，也就是提供一個購買理由。比如古茗奶茶在店門口海報上寫著「古茗全國超過 5000 家」，顧客就會覺得這家奶茶店很厲害，奶茶應該也很好喝。

比如老鄉雞隻選用安徽肥西的老母雞，這也是個證據。但這裡要注意，籠統的證據描述不如具體的描述有說服力。比如老鄉雞說他們家用的是土生老母雞燉湯，就不如說採用安徽肥西土生老母雞燉湯有說服力；農夫山泉說他們採用的是天然礦泉水，它就不如寫採用長白上莫涯泉的山泉水有說服力；褚橙說自己的橙子很甜，就不如說酸甜比是 1:24 更能打動人。要記住，細節描述越具體，消費者越容易相信，也更容易做決策。

顧客的使用體驗，決定了他會不會回購和向他人傳播。所以產品的使用成本也是一種需要考慮的顧客成本，有時候我們需要在功能性需求和體驗性需求中尋找平衡。比如一家餐廳，它的服務和口味越好，顧客體驗就越好，但它的交通是否方便、有沒有停車位、要不要排隊等就是另一種使用成本。比如我自己就從來不會去海底撈排隊用餐，因為我認為等候的成本太高了。

前幾年因為疫情的原因，方便速食類商品大爆發，信良記、筷手小廚、自嗨鍋、拉麵說、李子柒螺螄粉、食族人等新銳品牌快速增長。但疫情結束之後，這類方便速食究竟有沒有前途還有待考量。比如我們在沖泡類速食的調查中發現，有許多人購買了某需要煮食的面類品牌後很失望，不是因為它味道不好，而是因為它需要在家自己煮，顧客的使用成本就增加了。所以本質上它不是一個速食麵，而是一個需要自己加工的預製面。

你有沒有使用一些小眾數碼產品的經歷？它們需要連接網路，還要跟你的手機相連，連接完了還要各種莫名其妙的操作。這種讓人崩潰的使用體驗直接就勸退了很多人。我用過很多智慧型音箱、智慧型鏡頭等電子產品，作為一個工科生，我用著都會頭疼，不知道怎麼操作。當然也有做得好的，我偶然使用過一款標籤影印機，裝影印紙、連接影印機、輸入文字、影印，一氣呵成，感受不到任何陌生感，體驗相當流暢。我立刻推薦給公司的合夥人，讓她也開始使用。

當顧客的使用成本增加時，相應的使用體驗和回購率就會降低。當然還有許多降低顧客回購決策成本的方法，比如有些奶茶店，集齊五杯奶茶就送一杯，那顧客的回購率就會更高。其他諸如充值、辦會員卡、購物積分等，都是促使顧客回購的方法。

筆記 23　推廣的本質在於降低顧客的交易成本

顧客的傳播成本

顧客使用或者體驗了你的產品之後，如果體驗很好，他就會成為一個傳播者。在此基礎上，你還要為顧客的傳播準備好內容和工具，激發顧客的傳播動力。

其實大部分顧客是沒有創作能力和動力的，所以你就要為顧客準備好傳播內容。你的品牌口號就是要讓顧客記住，並且容易讓他向另一個顧客推薦的時候說的。

比如三胖蛋瓜子，顧客吃完之後覺得這個瓜子特別好，就會向他的朋友推薦，他會怎麼說呢？他可能會說：「這個瓜子特別好，十斤瓜子才選二兩。」你看，你的廣告語就成了顧客的傳播用語。

當然過去顧客的傳播主要是口耳相傳，因為他們沒有別的傳播方法。但今天智慧型手機的普及和新媒體的發達，讓顧客可以輕鬆地拍照、拍影音，也可以讓顧客轉發關於你品牌的文章、圖片、海報、短影音、H5（行銷頁面設計形式）、互動遊戲等，這些都是顧客能夠傳播的內容。

而所謂工具，就是顧客傳播能使用的方法。比如得到 App，在每個知識內容中，他們準備了知識紅包、畫線分享、生成圖片等工具，這就讓顧客的分享更加簡單了。

在我們做推廣的時候,如果都能從顧客成本角度考慮問題,事事圍繞降低顧客成本來思考,就會大大提升效率。

筆記 24

一句帶有態度的口號，能立刻獲得顧客的心理共鳴

中意也，盈盈紅袖誰家女；文質何，鬱鬱青衿是吾生。幸得識卿桃花面，從此阡陌多暖春。——出自北大女生節

說起廣告，就不得不說廣告口號，也就是我們常說的品牌slogan。以我多年的經驗來看，有用的口號通常有四種類型。

第一種就是闡述品牌或者產品的獨特價值。

這就是告訴顧客，你為什麼應該買我。比如我們為食族人酸辣粉創作的廣告語「一桶六包料，嗦（吃）粉更過癮」，為三胖蛋瓜子創作的口號「瓜子就是大，跟誰比都不怕」，都屬這類口號。這類口號有助於顧客快速判斷是否想要這樣的產品，以及是否能夠迅速促成交易。尤其是那些廣告與購買一體的品牌，這類口號效果就更好。比如我們給樂凱撒炸雞寫的口號「比魚肉還嫩」；給書亦燒仙草寫的「半杯都是料」，都傳達了強烈的產品價值，讓人看了就有購買的衝動。

小馬宋曾經創作過的這種類型的品牌口號還有：

四季椰林：不加一滴水，四個椰子一鍋湯
三胖蛋：十斤瓜子選二兩
蘇閣鮮果茶：只愛鮮水果，不愛亂添加
胖舅舅：蝦蟹不活不加工，24小時直播挑蟹

第二種是發出行動指令。
這是告訴顧客該什麼時候、什麼情況下做購買決定。這種類型的品牌口號有：

半天妖青花椒烤魚：烤魚不用挑，就吃半天妖（小馬宋作品）
益達口香糖：吃完喝完嚼益達
紅牛：困了累了喝紅牛
哈根達斯：愛她就請她吃哈根達斯

這一類口號，顧客第一眼看到未必會立刻產生購買衝動，因為這種口號沒有一個「購買理由」在裡面。但這種口號看多了，顧客就會形成一種條件反射，會自然而然地將一個行為和一個固

定的品牌或者產品綁定，然後在某種條件下產生購買行為。

我就有一個體驗。我下午開車特別容易犯睏，而且這種睏是沒法克服的，所以我要是在高速公路上開車，只要開始睏了，就會行駛到最近的高速公路服務站買一瓶紅牛喝。為什麼呢？因為腦子裡有一種條件反射，就是「睏了，累了，喝紅牛」。

可是我接下來的行為就會令人非常迷惑，因為我每次喝完紅牛，根本無法克服睡意，我一般都是喝完紅牛後在車裡睡一小覺（10~15 分鐘），然後開車上路。其實我平時也試過，紅牛對我是沒有效果的，喝完該睏還是睏，但就是因為我過去聽了太多遍這句口號，導致我睏了的時候自然而然就想去喝紅牛。

這類口號對那種有大量廣告投放的品牌尤其適用，因為這種讓顧客「上頭」的口號，需要大量的重複才能達到最佳效果，你只看一遍兩遍是沒有用的，最好是常年不斷做廣告，效果才最佳。當然線下門市數比較多或者銷量高的品牌，即使沒有廣告支持，因為顧客買得多、見得多，也會起到類似的「洗腦」作用。

這類品牌口號也有很多，我們也為客戶的品牌創作了大量這類口號。

隅田川咖啡：咖啡要新鮮，認準三個圈
古茗奶茶：每天一杯喝不膩

小皮：挑剔的媽媽選小皮

簡單心理：心裡有事，找簡單心理

第三種是在價值觀上與消費者形成共鳴。

這種口號，核心就是要與顧客在價值觀、世界觀、人生觀方面形成認同，如果不能在這種精神價值上達成共識，也要在某一類或者某一個觀點上達成共識，比如 keep 的廣告語「自律給我自由」，愛迪達的「沒有不可能」，錘子手機的「天生驕傲」，動感地帶的「我的地盤我做主」，都是這種口號。

2013 年，我剛剛做公眾號的時候，給自己的公眾號寫了一句口號：有思想的人都寂寞。後來有許多公眾號的訂閱者跟我聊天的時候會提到這句口號，他們就是因為這句口號關注了我。當然這句口號也不是我的原創，我是在《書城》雜誌上看到了這句口號：有思想的人都寂寞，還好有好書可以讀。

第一種口號可以直接給出購買理由，第二種口號也能促使消費者形成購買習慣和行動指令，但第三種口號不具備這兩種功能，它可能沒法在顧客的購買行為上產生直接影響，可是有些品牌依然會選擇使用這種口號。

為什麼呢？這就是另一個層次的東西。因為品牌最高的境界，其實是贏得顧客在價值觀和精神上的認同，這時候顧客就會

筆記 24　一句帶有態度的口號，能立刻獲得顧客的心理共鳴

對品牌產生好感和「同好」的感覺，顧客不僅僅樂於購買這個品牌的產品，還會自發、主動地去維護這個品牌。他們樂於向周圍的朋友和社交網路上的陌生人傳播這個品牌。他們去買這個品牌的商品，有時候真的不是他們需要這個商品，而是因為單純地喜愛這個品牌。

而品牌想要達成這種效果，口號就是手段之一。一句帶有態度的口號，能立刻獲得顧客的心理共鳴，迅速拉近與顧客的心理距離，而且有可能讓這個顧客成為「鐵粉」。比如遇見小面在餐廳內一直溝通一句企業的核心價值觀──「把一件小事做好」，就獲得了許多顧客的共鳴，在大眾點評的評論中，我們也常常看到顧客會提到這句話。當然配合這句口號，企業還需要在所有經營活動中貫徹並體現這種精神和態度，這樣才能形成連貫一致的品牌精神。

使用這種口號最怕的是品牌用一種生硬的價值觀去溝通，不僅不會增加好感，反而會引起消費者的反感，比如那種爛大街的「勇於創新」之類的口號。所以這種調性的口號使用的時候就要拿捏到位。如果說「闡述品牌價值」的口號屬技術活和標準化創意，那「價值溝通」的口號就是一種藝術了，這種真的不好掌握，建議大家不要隨便使用。但是如果你想成為一種有精神和性格的品牌，這種口號會幫到你。

類似的口號還有：

下廚房：唯愛與美食不可辜負

萬事達卡：總有一些東西，是錢買不到的

第四種口號是要和美好、正面的事情、聯想、願望等進行綁定。

這類口號的作用原理就是心理學中的關聯效應。當你反覆與一件事情綁定的時候，消費者就會覺得你真的和這件事是相關的。「人頭馬一開，好事自然來」，這句口號本身是沒有什麼邏輯的，也講不出什麼道理來，但只要不斷透過廣告和傳播強化人頭馬與好事的關聯，消費者就會把人頭馬與好事綁定，形成固定的關聯。

當大多數人把一件美好的事情或者寓意與一個品牌相關聯的時候，就會形成一種文化或者習俗的共識，就像中國人會覺得「喜鵲」與好事關聯，數字「8」會帶來好運氣，而「4」則是大家避諱的一樣，品牌經過長期傳播，也會形成並加深這種認知，當然這也需要對這種口號進行持續的傳播。

百事可樂每年都會在新年期間播放一部「祝你百事可樂」的廣告短片，如果百事可樂能長期堅持這個行為，也會形成一種固定關聯，你希望有好事發生的時候，就會希望喝百事可樂。

筆記 24　一句帶有態度的口號，能立刻獲得顧客的心理共鳴

　　講完口號的四種類型，再來聊聊品牌口號的語法等問題。為什麼要說語法呢？因為不同的語法，對人的影響是不一樣的。總的來說，越是押韻、順口、對仗的口號，就越容易讓人信服。對中國人來說，四字成語、古代詩歌、唐詩宋詞、民間諺語等都屬那種朗朗上口的語句。比如中國人在酒桌上就會常常說一句勸酒詞：「感情深，一口悶」，你看，這其實是一句完全沒有邏輯的話，可是你聽到後竟然無法反駁！因為這句話對仗、押韻，還有很好的節奏感，讓人聽起來就會覺得很有道理，即使你也不知道這個道理是什麼。

　　亞里斯多德在他的著作《修辭學》中也講到當眾演講並說服別人的技巧，包括如下幾個特徵，這些技巧也同樣適合寫廣告語。[19]

　　第一，簡單的字詞，普通的道理；第二，有節奏的句式，或者押韻；第三，令人愉悅。

19　引用華杉「跟華杉學品牌管理」課程中對《修辭學》的整理總結。

銷售真相

　　寫廣告語，你使用的文字和講的道理或者邏輯一定要簡單，一旦講深了，大部分人就聽不懂、看不懂了。比如西貝麵村裡有一張海報，說「黃魚越大越好吃」，這就是一個特別容易理解的道理，背後的意思人人都懂。我們的客戶博商管理科學研究院是做管理培訓的，原來的口號是「博學篤志，商道弘毅」，這句話幾乎沒有學員能看懂，既然大部分人都看不懂，那就談不上有用了。後來我把它的口號改為「博商懂生意，學完就落地」，你看這句話是不是就特別容易理解？

　　從使用的詞彙來說，廣告詞用口語比書面語更好。

　　人類使用語言已經有幾萬年甚至 10 萬年以上的歷史了，而使用文字的歷史則只有短短幾千年。在過去幾千年中，真正掌握文字的人類也只是少數，而且世界上大約有 5%~10% 的人有先天閱讀障礙，所以書面文字對大部分人來說比口語難理解得多。廣告的目的是溝通，是向顧客推送訊息，這種訊息最好簡單易懂。使用口語就是更好的選擇，因為口語很容易被大多數人理解，同時也容易口口相傳。

　　當然，《書城》雜誌說「有思想的人都寂寞」，是因為《書城》的目標客戶都是讀書人，讀書人有讀書人的共鳴。所以規則是固化的，實際情況卻是多變的，我們只能根據實際情況來權衡和取捨。

有節奏的句式也非常重要，剛才我講過，那種很有節奏感的句子，不管它說的是不是真的有道理，你總會感覺它很有道理。許多名言都是這樣，比如美國總統甘迺迪說的「不要問國家能為你們做些什麼，而要問你們能為國家做些什麼」，這種情緒強烈的句子會立刻感染你，讓你失去分辨是非的能力。我們常常把這種句子稱為金句。金句有時候不需要講道理，金句只要是金句的格式就行了。比如羅振宇在一次跨年演講中講了一個金句被廣為流傳——「沒有任何道路能通向真誠，真誠本身就是道路」。這句話的句式太精彩，以至沒有人關心它有沒有道理了。

前英國首相德蕾莎・梅伊在與工黨領袖傑瑞米・柯賓（Jeremy Bernard Corbyn）辯論的時候，就用了一個金句——「他可以領導一次抗議，而我在領導一個國家」，贏得了大量喝彩。

腦白金的廣告「今年過節不收禮，收禮只收腦白金」也是一種金句格式。

人人都愛聽漂亮話，寫廣告語也是一樣，這就是廣告語需要「讓消費者愉悅」的原因。我們曾經為「一隻酸奶牛」寫過一句廣告語——「好看的人都愛喝優酪乳」，這就是在取悅消費者，讓喝一隻優酪乳的顧客感覺更好。「人頭馬一開，好事自然來」，這種廣告，就是一種典型的漂亮話，和過年大家見面就說

恭喜發財一樣，讓飲用人頭馬的顧客高興。

2003年，姜文為美羅胃痛寧片拍過一個廣告片，廣告語這麼說：「胃痛？光榮！肯定是忙工作忙出來的！……美羅牌胃痛寧片，您得備一盒！」胃痛其實跟忙工作沒什麼必然關係，但是這個廣告硬扯上了一個關係，有胃痛的顧客不僅不會反駁它，反倒會有一種「給自己臉上貼金」的感覺，他會跟別人說，你看我這胃痛就是忙工作忙出來的。

廣告口號要使人愉悅，所以即使遊戲廣告，也不會說你打遊戲是在消磨時間，他們會用「和兄弟一起上戰場」、「創造自己的帝國」、「挑戰不可能」等廣告語來取悅消費者。

在實際創作中，你當然很難兼顧這些特徵，那就需要根據具體的品牌情況來判斷，究竟應該突出什麼。因為你不可能用一句廣告語說出所有的賣點和想要溝通的內容，這既不可能，也沒有必要，消費者也很難記住這麼多。什麼都想表達，是品牌商在創作廣告口號時最容易犯的毛病，各種糾結和反覆其實沒有必要，找到最能打動顧客的、最能在競爭中勝出的那一句就好了。

筆記 25

那些網紅品牌都是怎麼起步的?

大品牌小的時候,才是更值得學的。

即使是我們行銷諮詢這個行業內,也很少有人知道一個品牌是怎麼從零開始做起來的,因為大部分從業者接觸到的都是已經有一定基礎銷量的企業和品牌,所以很多毫無推廣經驗的創業者興沖沖地做出產品之後,卻發現他們對怎麼把產品賣出去一無所知。

在寫這篇筆記的時候,恰好是新東方創始人俞敏洪先生帶領新東方部分老師轉型做直播帶貨的時期,不管這件事結果如何,我都對這位創業者由衷地表示敬佩。許多企業家是拿著真金白銀去探索一個完全未知的領域,他們也不知道這件事究竟能不能成功,他們必須在做的過程中找到成長的方法和機會,還要不斷克服發展中遇到的各種問題。我們只看到那些成功後的風光無限,但是一家成功的企業背後是無數失敗者。我曾在 10 多家公司工作過,在我只是領薪水的時候,我很難想像那些拿出所有積蓄甚

至賣房賣車拿出全部身家創業的人背負多大的壓力。所以，我特別希望創業者明白，造出一個好產品不是創業成功的全部，甚至不是最重要的因素（大部分產品很難有壁壘），知道怎麼推廣出去才是創業成功的必要條件。如果你在創業前還對如何推廣產品沒有概念，我建議你一定要謹慎思考。

今天我就跟大家聊聊我瞭解的一些品牌起步時的情況，也算是為各位創業者提供一些思路吧。

我在《顧客價值行銷》中講過雲耕物作的策劃案例，不過你可能不知道，當年雲耕物作是怎麼從零開始的。

創始人鐘曉雨當年在做這個紅糖品牌的時候，確實沒有什麼推廣的概念。他做出了一款很好的紅糖，然後就在一個募資平臺和朋友圈去推銷，加上當時他還有一幫有消費實力的 MBA 同學，居然銷售了 50 萬元。這讓他很興奮，所以就興致勃勃地做生產去了。

不過把紅糖做出來之後他就傻眼了，因為除了募資賣出去這 50 萬元，還有幾百萬元貨值的紅糖，他不知道該怎麼賣了。與許多創業者一樣，在此之前，他也沒有推廣的經驗，只是想做一款不錯的紅糖而已。

如果不是他運氣好，我想雲耕物作很可能會以虧本賣的方式

關門歇業。幸運的是，他在一個偶然的機會遇到了幾位公眾號主理人，那時候這些公眾號也沒什麼創收變現的方法，就主動說可以幫雲耕物作帶貨，不收廣告費，以銷售佣金的方式推廣。就是這個偶然的機會讓鐘曉雨緩過一口氣，而且也發現了公眾號的帶貨能力。所以雲耕物作初期就把行銷重點放在微信公眾號上，而且加大了投入。在公眾號最容易推廣的一段時期，雲耕物作大概每年要將上千萬元的廣告費投在上面，銷量也集中在公眾號這個通路。

再後來，公眾號的紅利過去了，推廣效果越來越差。雲耕物作及時轉戰淘寶，同時重點研究小紅書、抖音等新興的推廣通路，在一次次推廣實踐中不斷優化投放效率。雲耕物作的市場團隊從完全的「小白」到精通各個新媒體的投放，透過不斷學習，探索新方法、新通路的進化。但他們初期確實是懵懵懂懂，就像許許多多有夢想的創業者一樣。

我再來介紹一下熊貓不走的初期起盤情況。

我之前也介紹過熊貓不走的案例，那是從宏觀策略上講的，但如果只有頂層的策略，沒有底層的高效執行，其實也沒有效果。因為熊貓不走的模式，要想成功很難，但只要你做出來，別人一下子就能看懂這個模式。那為什麼這麼多年過去了，還是沒

有人能抄襲成功呢？就是因為這些創業者不知道怎麼起盤。光知道用一個熊貓去送貨很容易，做出一個蛋糕也很容易，但是怎麼才能在一個城市獲得大量的用戶呢？這是一個許多模仿者沒有思考明白的問題。

熊貓不走的創始人楊振華，早年經營一個連鎖超市品牌，當時擁有近 200 家店，而且這個超市品牌主要靠線上集客，然後線下配送。所以，熊貓不走從一開始就有原來做線上超市積累的大量客戶做基礎，團隊也有底盤和大量線下推廣活動策劃的經驗。熊貓不走起步於廣東惠州，當地的公車站牌和公車廣告相對都比較便宜，所以熊貓不走在上線早期就直接在公交系統投放了大量廣告，為品牌造勢。在造出一定聲勢之後，熊貓不走團隊就跟當地大量的商場去談合作，每到周末就在當地商場做地推活動。主要形式是，只要你關注熊貓不走公眾號，並轉發專用裂變海報到朋友圈或推送給特定朋友，就可以免費獲得價值 18 元的熊貓公仔或者 99 元的生日蛋糕，這個之前也介紹過。

就是這種看起來很「土」的推廣方式，讓熊貓不走早期在一個城市可以獲得數十萬的粉絲，然後再透過公眾號推銷生日蛋糕。

筆記 25　那些網紅品牌都是怎麼起步的？

我也曾經問過元氣森林的創始人唐彬森，我說你們鋪了那麼多線下銷售店面，是怎麼做到的，難道是有特殊資源？他說不是，早期元氣森林就是一個一個系統、一個一個店面地死守，也走過很多彎路，遭受到過很多挫折，但最後還是慢慢好起來了。

逮蝦記早年是做 to B 業務的。除了做 to C 產品的企業，當時電商平臺上幾乎就沒有賣蝦滑產品的，行業經驗幾乎為零。沒有可以模仿的同行，他們只能自己摸索。逮蝦記 to C 產品的蝦滑起家在 2022 年，這一年抖音的電商 GMV 已經非常大，小紅書「種草」也是一個很好的通路，但是應該把推廣費用投在哪裡呢？究竟什麼類型的博主才是最適合的帶貨通路？是母嬰、健身、職場、美食還是美容類博主？其實逮蝦記的團隊也不知道，那就用小成本去測試。測試一遍之後，他們就找了推廣效率最高的那一類博主，然後就加大投放力度。沒有做過的人，以為市場部的人掐指一算就知道投哪裡了，其實，所有經驗都是花錢買來的，逮蝦記也是在投放半年之後才有利潤，前半年都是在燒錢摸索。

請記住，大公司推新產品是因為早就有成熟的推廣體系。而今天，即使是許多風光無限的品牌，早期做產品做市場的時候也是四顧無人、連滾帶爬、手腳並用地發展，談不上什麼正規打法，能賣出一點是一點而已。

絕大部分創業者為了早期不會死掉，可以不顧自己的體面，放下身段，摸爬滾打，不放過任何一個銷售機會。當脫離生死邊緣的時候，才會想著怎麼系統化打法，體系化地運作……等等。

　　我們講品牌和行銷，不應該只關注那些成熟的大品牌，行銷就活生生地存在於任何時間、任何地點、任何規模的企業之中，你不能只瞭解那些《財富》世界 500 強公司的通用打法，還應該學會那些看起來不入流的街頭智慧，只有這樣才能從 0 到 1 走出一條屬自己的康莊大道。

筆記 25 那些網紅品牌都是怎麼起步的？

✏️ 金句收藏

1. 通路會提供購買的流量，而推廣則提升流量和轉化率。
2. 通路和推廣，是銷售的核心。
3. 你要非常確定一件事，就是在這個世界上，你做的任何工作總會有人比你做得更好，行銷推廣也是這樣。
4. 任何品牌都面臨兩個難題：第一是品牌知名度永遠都不夠，第二是經費永遠都不夠。
5. 創業早期，錢貴人賤，那就堆人，大量投入人的精力去換取回報。企業做大了，人貴錢賤，那就堆錢，投入大量金錢去成事。
6. 大品牌小的時候，才更值得學。
7. 絕大部分的創業者為了早期不會死掉，可以不顧自己的體面，放下身段，摸爬滾打，不放過人任何一個銷售機會。當脫離生死邊緣的時候，才會想著怎麼系統化打法、體系化的運作等等。

PART 3

品牌

筆記 26

品牌是所有相關人士對一件事物的認知集合

我們的世界是由符號構成的,品牌也是一種符號。

從這一篇筆記開始,我要聊一聊關於品牌的話題。

做行銷不可能繞過品牌這個話題,甚至有人會把做行銷和品牌畫等號,但是談到品牌是什麼的時候,卻又陷入了一片模糊狀態,感覺自己挺懂的,但又說不出來,自己對品牌的定義好像很難經得住不斷追問。

比如有人經常跟我說,「我們只是有個商標,其實沒有品牌」,在這句話裡,品牌的意思是什麼呢?它的意思應該是說具有影響力、讓人信任、大家願意為你多付錢的知名商標。

還有人跟我說,「我們以前沒有做品牌,現在想做品牌了」、「我們想升級一下我們的品牌」、「我們的品牌還不夠強大」、「這個是大品牌,那個是小品牌」,你可以想一想,這幾句話裡的每個「品牌」究竟代表了什麼意思?

所以,品牌看似是一個大家都很熟悉的名詞,但要想說清楚

筆記 26 品牌是所有相關人士對一件事物的認知集合

它究竟是什麼，反倒有點難了。迄今為止，為品牌下定義的人和機構都很多，有實戰派的廣告大師，比如奧格威、李奧‧貝納、墨菲、特勞特等，也有學院派的專家教授，比如杜拉克、科特勒、凱文‧凱勒等，遺憾的是，我至今沒有看到一個特別全面且能讓一個普通人看得懂的定義。

倒是《新華字典》中對「品牌」的定義最簡單直接，也最準確：

品牌就是產品的牌子，特指知名產品的牌子。

產品就是商品，要成為一個品牌你必須有商品才行；牌子就是識別和區分，品牌靠名字和符號來互相區分。

其實不是給品牌下定義難，而是因為不同流派對品牌的理解、對品牌的觀察視角不同，所以很難統一給品牌下一個定義，結果就是每個學派、每個人下的定義都不一樣。

其實定義有兩種類型，一種叫概念性定義，一種叫描述性定義。之前我看到的所有關於品牌的定義都是概念性定義，比如奧格威說：品牌是產品各種屬性的無形之和，包括其名稱、包裝、價格、歷史、聲譽，以及它的廣告表現。

我簡單講一下概念性定義與描述性定義的異同。世界上有很多事物可以直接說明白「它究竟是什麼」，我們就可以用概念性定義來定義它，比如說光合作用，它的定義是這樣的：綠色植物

吸收光能，把二氧化碳和水合成有機物並釋放氧氣的過程，稱爲光合作用。

但是有的東西是很難被精確定義的。比如「香味」，你就很難定義，它的界限也很模糊。比如有人覺得豆油很香，而有人卻覺得豆油有一股豆腥味，不好聞，那究竟什麼是香味，你確實很難用簡單的表述來定義它。

這個時候，你可以使用描述性定義。這一篇筆記，我想嘗試用描述性定義的方法爲你描述品牌是什麼，配合《新華字典》的解釋，你可能會更清楚明白一些。其實，這種方式並不是單純的描述性定義，而是希望用一種綜述的方式，讓你對品牌有一個全面的理解，至於你選擇怎麼理解，那就是見仁見智了。

品牌的英文名字「brand」，早期的意思指的是烙印，據說是歐洲牧民在自己家的牛身上打上一個烙印以方便區別的。所以品牌這個名字的起源本身就帶有區隔、區別之意。品牌最基本的功能就是爲了與其他品牌區別開，以方便顧客認識和識別這個品牌。

品牌究竟是什麼？我們可以透過這個詞的使用進行思考。我們說品牌的時候，會直呼其名，比如華爲、小米、同仁堂、小馬宋，這些都是品牌，所以我認爲最接近的定義就是「品牌就是產品的牌子」。而牌子是什麼？幾乎可以認爲，牌子就是名字。這

也符合我們日常使用的習慣。你問「這個手機是啥牌子的」，我會回答「華為」；「這輛車是啥牌子的」，我會說「比亞迪」。

品牌的名字非常重要，我在《顧客價值行銷》中也講過取名的重要性和方法。其實早在 19 世紀 50 年代，美國的菸草商就發現了一個做生意的秘密：如果給香菸包裝上加一個富有創意的名字（比如 RockCandy），顧客會更傾向於購買這種具有創意名字的香菸。所以菸草商就開始出售印有品牌名稱的小包裝。這個時候，這個名字甚至都很難說有什麼品牌魅力或者信用，它的熱銷僅僅是因為有一個比較有創意的名字而已。

我們還會經常說到「品牌標識」，與品牌名字同樣的邏輯，標識也不是品牌，但品牌幾乎都有標識，沒有品牌標識的，一般也會把品牌名的字體進行設計，也就成了品牌的標識了，比如 IBM、同仁堂等。

關於標識的價值，是寶僑公司在 19 世紀中期無意之中發現的。當時寶僑的蠟燭是在美國辛辛那提生產，在商品的運輸過程中，有些碼頭工人會在包蠟燭的紙箱上標出一個簡單圖形——星形。寶僑敏銳地發現，當時的顧客更加喜歡標有星形符號的蠟燭，他們認為這種蠟燭品質非常好。而且蠟燭的銷售代理商也知道標有星形標誌的蠟燭更受歡迎，所以如果紙箱上面沒有星形標識，他們就會拒絕接收。寶僑公司受到了啟發，於是就為它的蠟

燭專門設計了一個星形標識，這大概就是最早的品牌標識。

再到後來，品牌的識別符號發展爲聲、色、味、觸等多種形式，比如味道（例如酒店的特殊氣味）、花邊和紋樣（例如Burberry的花紋）、特殊和固定的品牌顏色（例如可口可樂的紅色品牌色）、歌曲或者聲音符號（例如華爲的鈴聲）。

所有的品牌識別系統，都是爲了讓顧客能區分這個品牌和另一個品牌，但這個認識和區分的背後，是因爲品牌提供的商品或者服務具有差異性。這種差異性借由品牌識別系統傳遞給顧客，顧客才能根據這種識別系統背後代表的差異性來快速選擇自己需要的商品或者服務。

品牌研究領域的持續探索，出現了更多關於品牌的解讀和相關概念。更多與品牌相關的詞彙有了更爲廣泛的用法，比如品牌性格、品牌形象、品牌價值、品牌資產、品牌忠誠度、品牌知名度、奢侈品牌、高中低端品牌、品牌延伸、品牌授權、品牌聯名、品牌歌曲、品牌IP、品牌廣告、品牌社群等。

你可以看到，在所有這些詞語中，品牌都是定語。在漢語語法中，定語常由形容詞、數詞、名詞、代詞等充當，但我們可以肯定的是，品牌不是形容詞、數詞或者代詞，品牌是名詞，也只能是名詞。

我還經常聽一些朋友說：「我們只擁有商標，但還沒有品

牌。」言外之意是什麼？就是品牌是好的。可這也有問題，如果說有品牌就一定說明你有了強大的、優質的、好的東西，那為什麼還會有「強品牌」、「弱品牌」、「好品牌」、「壞品牌」的說法呢？

如果說品牌一定是好的，那就不可能出現「壞品牌」的說法，這等於在說，你有一個壞的好東西，邏輯不通。所以，根據過去我們對品牌的使用習慣看，我認為品牌應該是中性的，不帶有褒貶色彩。但所有企業、所有人追求的是打造一個強勢品牌、優質品牌、夢想品牌，而不是弱品牌、差品牌、垃圾品牌。大家希望顧客在購買時會優先想起和選擇自己的品牌，並且持續地購買自己的品牌，甚至願意承擔更高的價格，願意原諒品牌犯的錯誤，成為自己品牌的忠實粉絲，極盡所能地為品牌做宣傳。

說到這裡，我對「品牌」的關鍵描述如下：

- 品牌就是產品的牌子。品牌的基本要素包含一實一虛兩部分，實就是商品、產品，它是具體的、實在的；虛就是名字、符號，它是抽象的。在日常語境中，牌子就是品牌的名字。
- 品牌是一種虛擬資產，雖然它無法計量，但品牌確實是一些企業最重要的資產。品牌資產指的是所有相關人士對這

個品牌的認知的集合，它通常包含了名字、符號、商品（廣義的商品，也包括服務、活動、展覽會議等）以及與品牌相關的一切具體的要素，也包含了信用、象徵、個性、精神、行為等非具體的要素。這些認知通常會給品牌帶來正向作用。戴維・阿克是最早對「品牌資產」的概念做出詮釋的學者。他在《管理品牌資產》一書中說：「品牌資產是指與品牌（名稱和標識）相聯繫的，可為公司或顧客增加（或削減）產品價值或服務價值的資產（或負債）。」我們打造品牌，其實就是在設計和形成全體社會對我們品牌的認知。這些認知越正向，認知越普遍，品牌力就越強。

- 品牌必須有一個名字，有時候，我們甚至覺得名字就代表了整個品牌。它可以沒有其他符號，但必須有名字，至少在我的認知範圍內，還沒有無名字的品牌。名字是我們認知世界的基礎，如果沒有這個詞，我們就不能說出它是什麼。如果一個品牌沒有名字，就意味著它根本不可描述，也就無人知曉。語言學家曾經在某個當代原始部落中發現這個部落的語言中沒有「悲傷」這個詞，所以這個部落裡就確實沒有人知道自己會悲傷。同樣的道理，如果一個品牌沒有一個「詞」代表它、指示它，那這個品牌等於不存

在。狹義地說，品牌名就是品牌。

- 品牌必須有一種商品作為其呈現和依附的載體。商品是品牌價值、信任、個性、精神等的載體，如果商品不存在，品牌也就不存在了。如果品牌只有名字，而沒有商品作為依附，那我們就會說，這個品牌已經消失、死亡了，儘管它的名字、logo 等大家還都記得。當然，這裡說的商品是廣義上的，它還包括服務（比如麗思卡爾頓酒店的服務）、活動（比如草莓音樂節）、展覽會議（比如北京車展）等。
- 品牌是中性的，而不一定是褒義的。品牌只是一個認知的合集，但不是一定具有積極的含義。比如在培訓領域，有一些品牌真的是惡名昭彰，但這不影響它也是一個品牌，只是大家對它們的普遍認知是負面的，它們缺乏正向價值而已。
- 品牌知名度是打造品牌資產要達成的第一要務。沒有知曉，就沒有品牌，因為知曉是認知的基本前提。通常顧客的購買決策，就是先從頭腦中調取一個品類的品牌列表，然後根據自己對品牌的理解和認知進行挑選。
- 品牌資產是由時間積累起來的。你產品品質過不過關，有時候立刻就能夠驗證，有時候需要幾十年來驗證，比如

《顧客價值行銷》中提到的卡車這個產品。即使立刻能驗證品質，你的產品能不能保持恆定的品質，也是需要時間來檢驗的。而一個品牌講不講信用，對顧客態度如何，也都是一個時間現象，時間積累了品牌的認知，也積累了品牌的資產。

- 品牌本質上是一個符號。符號是人類認識世界的基礎，也是人類社會運行的基礎。我們任何的交流和行動，都要使用和依靠符號。語言就是我們使用最頻繁的一類符號。我們看到一個符號，通常會明白它代表的意義，因為符號的意義都是約定俗成的。比如交通信號燈，是人類世界的通用符號，但這個符號，是人類社會規定出來的，並不是紅燈天生就具有禁止通行的意義。20 年前我們看到「小米」這個詞，我們理解這個符號的意義是一種農作物，但今天這個符號有兩種意義，一種是農作物，另一種是一個知名的以手機為主要產品的國產品牌。如果你進一步思考「小米」這個詞，你還會想到更多的意義，比如它的創始人是雷軍，它早期很便宜，它有很多線下專賣店，它是國產品牌，它有很多種產品，它的風格很像無印良品，它不是很高端但正在向高端努力……等等。但這些意義，不是每個人都知道的，也就是說，每個品牌背後的意義，在每

筆記 26 品牌是所有相關人士對一件事物的認知集合

個消費者心中是不同的。我們對品牌進行品牌資產審計，就是要盤點出那些最大多數消費者對品牌的認知。最大眾的認知，就是品牌代表的最核心的意義。品牌最後就是一個大眾符號，品牌知名度越高，它的符號性就越強。品牌的符號，包括它的名字、標識和其他視覺識別系統。這個符號的意義，是由品牌方和顧客共同努力和互動形成的。

筆記 27

企業品牌力越強，在行銷上就越占優勢

強勢品牌更容易獲得顧客的原諒，這是它們的特權。

上一篇我們說到，品牌是中性的，品牌不過是一個認知的集合，品牌就是一個符號，這個符號帶有普遍的公共認知的某種意義。

在現實生活中，我們對「品牌」這個詞的使用很混亂，比如有人會說「我們的品牌力還不夠強」，這裡的「品牌」就是中性的。但也有人會說「我們要堅定地打造品牌」，這裡的「品牌」就是正面的、積極的屬性，因為誰都不會追求一個負面的消極的東西。

所以在解釋了品牌的具體特徵之後，我在本書的其他部分就採用慣例，認為「品牌就是好的、正向的、積極的，是有價值的」。

那麼，品牌有什麼作用呢？

對顧客來說，品牌的第一個作用，也是最基本的作用，就是

幫助所有人在相同的商品中進行識別。比如在今天的商業世界，在同一個行業是不存在相同名字的品牌的，品牌名就是形成識別的最基本要素。品牌符號也是一個重要的識別要素。

那麼形成識別的好處在哪裡？所謂識別，就是認識和區別。認識就是認出這個品牌，區別就是把這個品牌和別的品牌區分開。因為每個品牌都是有差異的，都代表著自己的價值。顧客選擇一個品牌，是因為他需要這種差異和價值，所以顧客就需要快速識別出這個品牌。識別越簡單，顧客付出的交易成本就會越低，交易就越容易達成。

所以品牌的名字通常要好記，logo 通常需要簡單、易區分，即使有裝飾也需要具有特殊性和專屬性，以便顧客更好地識別。

品牌對顧客的第二個作用是象徵。在人類社會，人是分等級和群體的。古代只有官員才可以穿絲綢衣服，平頭百姓只能穿布衣，這就是劃分。在品牌的組成要素中，有一個要素就是象徵性價值，其中一個象徵就是關於身分和階層的象徵。在電視劇《三十而已》中，女主角顧佳參加一個貴太太聚會，發現所有人的包包都是愛馬仕，而自己背的不是，最後合影，她發現自己在別人的朋友圈照片裡「消失」了。在這裡，包的價格和品牌就象徵了一種身分和圈層。

在商業世界中，男老闆的身分和地位通常是看車和手錶，女

老闆則看包和珠寶首飾。雖然沒有明確的規則,但一個群體或者階層裡通常會形成一種默契。

不僅僅是階層,還有特殊的圈子,比如在愛好潮鞋收藏的圈子,鞋子就是通行貨幣或者身分象徵。

服裝、首飾、住房、汽車、潮玩、餐廳、手機、計算機等,都有一種區別的作用。比如,我們公司是一家看起來比較「新」的諮詢公司,服務的客戶也以新消費品牌為主(如元氣森林、隅田川咖啡、食族人等),我們公司同事的計算機都是清一色的蘋果計算機,設計師統一使用大螢幕的蘋果台式機。蘋果不僅僅是一台台設備,還是一種象徵和暗示(至少象徵了追求極致)。

品牌對顧客的第三種作用,是提供信任和信用。顧客購買一個產品要承擔幾種風險,比如品質的風險、財務損失的風險、售後維修的風險等。對一個知名品牌來說,顧客更傾向於相信它的品質是好的,它的售後服務是完善的,如果產品在使用中出現什麼問題,這個品牌也願意對顧客進行賠償。這就是品牌對顧客的信用。

品牌對企業來說,可以形成行銷上的優勢。品牌力越強,品牌對企業的價值就越大,在行銷上就越占優。具體來說,這種優勢具有如下幾種作用:

筆記 27 企業品牌力越強，在行銷上就越占優勢

- 對產品性能的認知提升
- 更高的忠誠度
- 不易受到競爭性行銷活動的影響
- 不易受到行銷危機的影響
- 更高的溢價和利潤率
- 漲價時顧客的反應彈性較小
- 降價時顧客的反應彈性更大
- 社會資源的合作意願更強
- 方便擴大和延伸品牌
- 更容易獲得投資

筆記 28

品牌塑造的菱形結構圖

一個人長什麼樣、穿什麼衣服、做什麼事、說什麼話,決定了他是誰,品牌也是一樣的。

所有講品牌理論或者方法的書,不外乎包括幾部分內容:第一,品牌是什麼;第二,怎麼塑造品牌;第三,提供工具、方法或者框架;第四,提供可以學習的真實案例。

關於品牌如何塑造的問題,其實最好的學習方式是深入研究品牌塑造的真實案例,這對大部分讀者來說是個捷徑。尤其是要找到與你的品牌類似的案例進行研究,往往會具有巨大的啟發和指引作用。

但這不是一本專門講案例的書,還是應該講一下理論框架。用案例推演屬歸納法。人類習慣歸納,看別人怎麼做我就怎麼做。這樣的好處是簡單、易上手,也容易理解,但壞處是不能窮盡,不能一生二,二生三,三生萬物。演繹法就是用基礎邏輯和框架對實現路徑進行推演,我之前介紹的 4P 就是一個特別好的

行銷推演框架。

華與華的品牌三角模型

在我接觸的關於品牌塑造模型中，我認為最簡潔實用的是華與華提出的品牌三角模型。

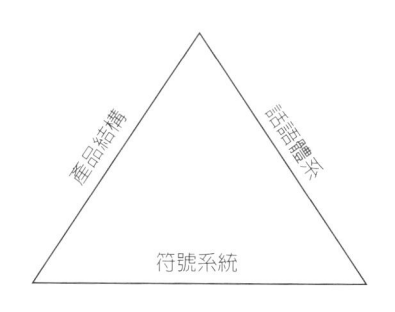

```
              /\
             /  \
            /    \
       產   /      \   品
       品  /        \  牌
       結 /          \ 體
       構/            \系
        /              \
       /_____\
           符號系統
```

華與華的品牌三角模型

品牌三角模型提出了一個極其簡潔的塑造品牌的路徑。品牌大師凱文·凱勒在他的《戰略品牌管理》中提出了品牌資產的概念，簡單來說，品牌資產是消費者對品牌形成的所有認知，包括品牌的產品、名字、口號、符號、形象等，而且這些認知能給企業的經營帶來收益。這裡我來簡化一下，首先，品牌資產是顧客的認知，存在於顧客的腦海和意識中；其次，顧客對品牌的認知

包含了物質、形象、符號等多種要素；最後，品牌資產必須為企業帶來效益，否則就不是品牌資產，比如可能有些顧客會覺得一個品牌設計得很醜，那這種認知就不是品牌資產。

我們想要建立顧客對品牌的認知，該怎麼做呢？這個品牌三角模型就是一個比較完備的結構。

首先是產品結構。

我之前對品牌下過一個描述性的定義，我說品牌必須有一種商品作為其呈現和依附的載體，這個商品也就是產品。當然這個產品可以是物質上的，比如蘋果計算機；也可以是一種理論或者方法或者價值觀，比如麥克·波特的競爭戰略理論、綠色和平組織的環保理念。

沒有產品，就不會有品牌；沒有名字，也不會有品牌。

所謂產品結構，首先是顧客對這個品牌有哪些產品的認知。過去喜茶只有奶茶，現在還有麵包和甜品；戴森則從吸塵器發展出了烘手機、吹風機、空氣淨化器等產品系列。有些品牌的產品結構比較簡單，比如喜茶；有些品牌的產品結構則比較複雜，比如 3M，除了我們熟知的口罩產品，業務方向還包括通信、交通、工業、汽車、航太、航空、電子、電氣、醫療、建築、文教辦公和日用消費等諸多領域，生產的產品種類多達 6 萬多種。

產品不僅僅有功能上的使用價值，還有感官上的體驗價值。

精美的商品包裝、舒服的質料觸感、藝術感的外觀設計、莊嚴尊貴的酒店大堂、服務員的熱情等，都是體驗。產品的功能和品質，以及使用體驗和心理感受構成了消費者對產品的感受。

其次是符號系統。

符號系統的主要任務是解決消費者的識別問題，就是要讓消費者認識這個品牌。有個比喻可能不是很恰當，但是很形象。比如，我小時候生活在農村，我晚上走路回家，離家門口還有好遠，我們家的狗就知道我回來了，牠能透過我走路的聲音和節奏迅速識別出我來。你想，如果一個消費者能在紛繁蕪雜的品牌群體中快速識別出你的品牌並找到這個商品，你行銷的效率是不是就非常高了？

品牌的符號包括品牌名字、logo、感官符號、色彩、產品包裝等消費者透過看、聽、觸能識別出品牌特徵的所有元素。為了讓消費者能夠快速識別品牌、記住品牌，企業就需要為品牌設計顯著、易記的品牌符號。比如麥當勞，它的品牌標識就是一個金色的 M，為了讓消費者能夠快速地識別它，麥當勞餐廳的裝修會把這個 M 鋪排得更大、更顯眼。當然消費者也可以透過麥當勞叔叔的形象、餐廳顏色、漢堡的包裝、外帶的袋子、外帶專送車輛等識別麥當勞。

最後是話語體系。

話語體系包括的內容非常多，比如產品的命名體系，企業的文化、理念、價值觀等固定內容，也包括日常廣告和傳播的大量內容。

　　產品是物質（或者服務）的，由企業製造生產，解決的是功能和體驗的問題；符號是由企業設計出來的，解決的是顧客識別確認和感受的問題；話語體系簡單來說就是內容，解決的是顧客對品牌認知的問題。

　　所謂認知，就是消費者不僅可以識別出你的品牌，還對你這個品牌的其他方面有所瞭解，也就是消費者具有更多的關於品牌的知識。

　　比如麥當勞，消費者可能知道它是一個全球西式快餐連鎖餐廳，還是全球第一快餐品牌；知道它的主打產品是漢堡，最經典的產品是巨無霸；知道它味道不錯，價格親民，乾淨衛生，充滿歡樂，門市 24 小時營業，可以去裡面上廁所，有甜筒賣，有兒童餐，是高熱量食品，還有許多兒童玩具……等等。消費者也許還看過與麥當勞有關的廣告、影音、新聞報導、社區活動等。所有這些都構成了消費者對品牌的認知，也就是他們具有的關於品牌的知識。

　　消費者對品牌的認知中還包括品牌的形象、象徵和消費者的族群特徵。比如VOLVO就是相對低調的高知人群的座駕，這類

消費者在購買沃爾沃的時候，會判斷這個品牌適不適合自己。

為了幫助消費者對品牌形成更加豐富的認知，企業要做的主要是根據消費者認知內容的輕重緩急來設計創造內容（幫助消費者對品牌進行瞭解的多種內容形式）並進行傳播。這些內容包括但不限於廣告、短影音、公眾號、新聞報導、店內宣傳等。

品牌想要顧客認知到什麼，取決於具體的環境和時間節點，以及企業的目標。

我們有一個客戶，總部在英國，由一對夫婦創辦，他們夫妻一個是英國人，一個是中國香港公民，這個品牌的中文名字叫小皮，主要做有機嬰童食品，從 2017 年開始到本書成書時一直就是輔食泥品類的第一名，也是嬰幼兒輔食品牌的頂尖品牌。2015 年小皮進入中國市場後，主要透過母嬰 KOL 傳播它對食材精心挑選的態度（由創始人親自篩選的歐洲有機農場供應商）。再後來，小皮會傳播自己的歐盟有機認證和標準，純正英國進口，營養豐富搭配，科技鎖鮮技術，父母之愛的品牌價值觀……等等。

新生內衣品牌蕉內（Bananain）從一開始就宣傳自己對內衣基本款的重新認知，並透過設計、模特、文案等表達出自己的創新態度和年輕潮流的調性。

同樣是奶茶，書亦燒仙草的口號說「半杯都是料」，因為這

個價位的奶茶，大家更多關注的是產品價值。而喜茶則會強調自己是「靈感之茶」。喜茶不僅強調自己的奶茶品質和價值，還強調自己做茶的態度。

顧客對品牌認知的層次

既然品牌資產就是顧客對品牌既有認知的總和，那麼顧客對品牌的認知具體包括哪些內容呢？

顧客對品牌的認知有三個層次：認識、認知和認同。

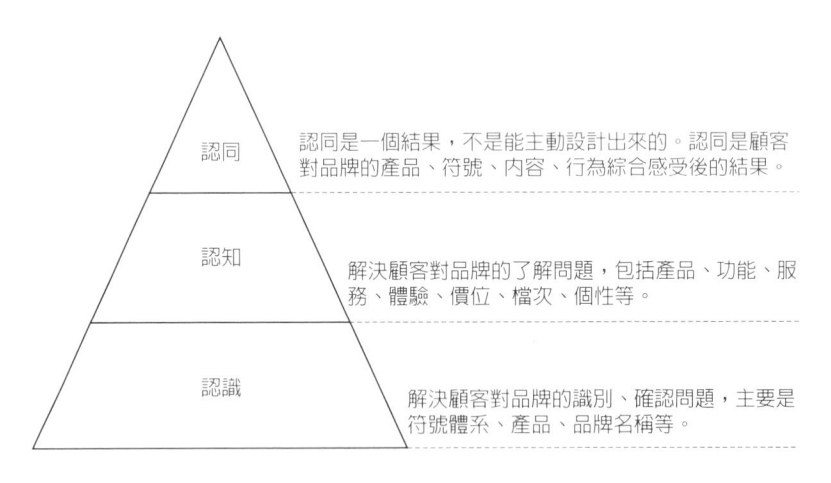

- **認同**：認同是一個結果，不是能主動設計出來的。認同是顧客對品牌的產品、符號、內容、行為綜合感受後的結果。
- **認知**：解決顧客對品牌的了解問題，包括產品、功能、服務、體驗、價位、檔次、個性等。
- **認識**：解決顧客對品牌的識別、確認問題，主要是符號體系、產品、品牌名稱等。

顧客品牌認知「金字塔」

第一個層次是認識。

認識，就是顧客要能快速確認這個是你的品牌，而不是別的品牌。顧客想找一家 7-11 便利店買東西，他會在大街上四處張望，當他看到附近有一家便利商店，門招有三條紅、橙、綠的條紋時，他基本就能確認，這是一家 7-11。

品牌設計一個 logo，設計一個獨有的花紋，設計自己的品牌顏色，以及品牌的名字，都是為了顧客能快速識別和找到這個品牌的產品。有些品牌的顧客，還會熱衷於同好或者同類的感覺，他們以使用和熱愛同一個品牌為榮。這就需要你使用的品牌能被快速識別，從而讓你快速劃分不同的群體。比如 Jeep 就有自己的粉絲群，他們常常組隊去越野或者探險，Jeep 的粉絲也互相認同和分享各自的經驗。一件帶有 Jeep 標誌的衣服，可能就是他們的圈子標誌。開一輛 Jeep 上路，在路上就有可能找到同好。所以品牌的設計，最初的功能就是為了區分不同品牌。

第二個層次是認知。

所謂認知，就是瞭解。這就像你們單位剛來一個同事，你知道了他的名字，還知道他長什麼樣，你就認識了他，把他和別人能區分開，但是你可能並不瞭解他，他的性格、學歷、生活經歷、工作履歷，以及他的能力和愛好……等等，你都不知道。

品牌也是一樣，你第一次見到一個品牌，記住了品牌名和品

牌的符號,但你並不瞭解這個品牌。它產品設計得好不好,品質是不是穩定,企業實力如何,售後服務怎麼樣,技術實力強不強,對顧客講不講信用,未來怎麼發展,有什麼獨特的個性,等等,你都不知道。

透過品牌的廣告、行為和各種傳播,你會慢慢瞭解這個品牌。我們為品牌設計的各種推廣活動,就是為了讓顧客更詳細地瞭解這個品牌。

顧客對一個品牌的瞭解,需要透過內容、行為和時間來獲得。

第三個層次是認同。

顧客認識了一個品牌,之後又瞭解了一個品牌,他就會對這個品牌產生一個印象,所以顧客對品牌的認同是一個結果。顧客對品牌的認同感越強,就越容易購買這個品牌的商品,並成為品牌的粉絲,然後更多地向別人推薦,品牌出了問題他也會更容易原諒這個品牌。

顧客的認同不是設計出來的,而是顧客基於對品牌的長期使用和瞭解產生的一個結果。

不過,我個人的感受,既然品牌資產就是顧客對你的認知,那除了符號、話語和產品,還有什麼是顧客可以借此認識你的?我認為還有行為,就是這個品牌所有可見、可知的行為。為什麼

筆記28 品牌塑造的菱形結構圖

三頓半會舉辦一個「返航計劃」而不是別的咖啡?為什麼喜茶跟FENDI推出聯名產品就會火?為什麼椰樹牌椰汁要在抖音直播間裡找一群肌肉男跳舞?這些都是品牌的行為。而這些品牌行為形成了顧客對這個品牌的認知。

所以在打造品牌的戰略三角模型基礎上,我認為可以加上「品牌行為」這個要素,這樣就會形成一個品牌塑造的菱形結構圖。

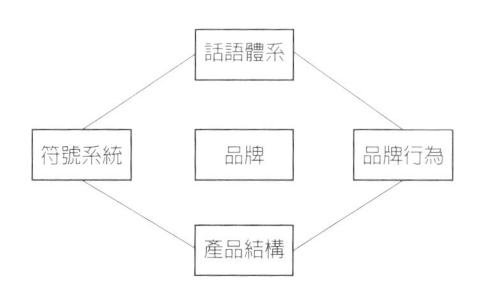

品牌塑造的菱形結構圖

最後我整理了一下通常顧客對品牌的認知,也就是所謂的可以堅持做、可以描述的品牌資產類型,供你參考。

銷售真相

名稱	顏色	LOGO	花邊	字體	造型
7-ELEVEN	HERMES PARIS	Nike✓	(花紋)	Coca-Cola	(瓶身)

代言人&IP	聲音	口號	廣告歌	拳頭產品	儀式
(米其林)	intel	怕上火喝王老吉	(熊貓)	iPhone	(開瓶)

品牌活動	精神	象徵	風格	傳統	成就/等級
全球狂歡節 天貓 2015	(機車)	ROLLS ROYCE	(風格)	KFC 過聖誕節吃肯德基	(等級)

筆記 29

用次級品牌槓桿創建品牌──順豐包郵背後的品牌原理

近朱者赤，近墨者黑。

先從一個小的商業現象說起。

我經常會遇到一些朋友推薦我一些新產品，在講完這個產品的各種優點之後，還不忘補一句：「他們家是順豐包郵的。」這個順豐包郵其實就是一種「次級品牌槓桿」，也是創建品牌資產的方法之一。

所謂利用次級品牌槓桿創建品牌，就是借用另一種資產來強化企業自己的品牌，而這種資產對企業品牌形象的提升是正面的。可以利用的次級品牌槓桿有很多種，我結合一些例子來講講。

公司與品牌

一個享有盛譽的公司具有天然的品牌資產，不僅僅是信用、

聲譽，還有聯想、形象、性格等特徵。如果你能有效地使用這個背書，就能在新品牌推出時快速建立信任並且為你的品牌資產升值做出貢獻。

我曾經拜訪過一個客戶，叫「燒范兒」，它是做整切醃製牛排的，它在電商的介紹中就有「必勝客同品質」的文字。這就是用了一個次級品牌槓桿，用必勝客來為它背書，把必勝客的品牌信譽直接嫁接到自己的品牌上。為什麼可以這麼用？因為燒范兒是百勝中國出品，與必勝客和肯德基同屬一家餐飲集團。這種品牌背景也讓燒范兒在開闢通路的時候減少了很多阻力，比如他們找知名網紅做直播帶貨就比較容易。

我們也會看到有些新品牌常常會這麼標榜：獲得頂級 VC（風險投資）×××投資。這也是一種用投資機構品牌背書的次級槓桿。

地區與國家

一個地方或者國家往往會帶有某種品質或者精神方面的聯想，所以品牌常常會用這些地區與國家來佐證自己的品質，形成品牌聯想。我曾經參與的一個小米生態鏈企業貝醫生，其手動牙刷的刷絲採用的是日本東麗磨尖細絲（東麗公司是磨尖絲的發明者）和德國進口的 Pedex 螺旋刷絲，日本和德國的產品品質享有

盛譽，而且也有優質和精密的聯想，所以在產品介紹時就會著重介紹。

比如米，黑龍江省五常市是目前中國最著名的優質米產區；說到好蘋果，就是甘肅天水、新疆阿克蘇、山東菸臺等；優質牛奶，那往往是來自紐西蘭；好的榴蓮，那就是馬來西亞；好的手錶，非瑞士莫屬；知名葡萄酒，就是法國波爾多；瓷磚的設計和製造，最好的都在意大利；許多新興醬香型白酒品牌，都將茅台鎮作為自己的生產基地，也是利用了「茅台鎮產好酒」的大眾認知。

成分品牌

成分品牌有兩種，一種是原材料或者元器件品牌，它們本身是 to B 的企業，不面向消費者，比如杜比降噪、特氟龍塗層、YKK 拉鍊、英特爾 CPU（中央處理器）、高通驍龍等。這種成分品牌，本身就代表了一種品牌價值，所以使用這種原材料或者元器件的品牌，會特意標註出來。

還有一種成分品牌本身就是一個消費品，比如奧利奧就經常被一些冰淇淋、甜品、奶茶等用作原料；新西蘭安佳牛奶，也是好一點的奶茶品牌選用的原料；老鄉雞早年宣稱自己的雞湯用農夫山泉熬制，這些都是一種次級品牌槓桿。

如果一家餐廳強調品質高、信得過，那就可以考慮把自己的原料品牌放大到一面牆上集中展示，比如油是魯花花生油，肉是網易黑豬肉……等等。

華為手機與萊卡的合作，可以算是成分品牌案例的經典，也為華為手機贏得了「拍照好」這樣的品牌形象。

廣告位、通路和物流等

你可能會有疑問，廣告怎麼會成為次級品牌槓桿？

注意，我說的是廣告位，不是廣告。在廣告投放中有個說法，叫作「通路即訊息」，它來自馬素・麥克魯漢（Marshall McLuhan）的《理解媒介》，就是你投放什麼通路，通路本身就能發出一種訊息。

你如果想打造一個奢侈品或者高端品牌，就不應該選擇那些普通商超作為通路，你在北京就應該選擇 SKP，上海應該選恆隆。歷史上，CK 曾經起訴過它的一個經銷商，因為該經銷商將 CK 鋪到了開市客和山姆會員店這種超市通路，CK 認為在這種通路銷售損害了 CK 的品牌形象。

小皮嬰幼兒輔食在天貓店的介紹中就展示了自己在英國瑪莎百貨商店銷售的訊息。同時，它的天貓店是順豐包郵，以此來彰顯品質。餐飲品牌中，為了獲得品牌的高勢能，有些品牌第一家

店就開在北京三里屯或者上海恒隆，這就是用通路展示自己的品牌實力和定位。當然通路本身也要考慮自己的品牌定位，比如華貿這樣的通路是不允許普通品牌進入自己的通路銷售的。

明星、名人、節目和賽事

明星和名人本身具有強大的品牌影響力，借用名人、明星的本質，就是將名人、明星的信譽直接轉移到自己的品牌上，節目和賽事也是一樣的。

當然這個選擇是雙向的，因為品牌本身也會影響名人和明星。比如一線的明星在挑選代言品牌的時候就非常謹慎，一些形象不夠高級、知名度不高的品牌即使給再多代言費，他們也不會接受。

可以成為品牌超級槓桿的元素還有很多，比如機構認證，像FDA（美國食品藥品監督管理局）、ISO（國際標準化組織）等就是著名的認證機構。

比如創始人的背景。許多新創品牌還會著力宣傳自己的創始人畢業於哈佛、耶魯、清華、北大等名牌院校，或者是高盛、谷歌、阿里巴巴、華為高管出身。

比如品牌授權。如果你認為從零開始打造一個品牌太難了，可以透過拿到一個品牌的授權來開始自己的經營。比如修正藥業

就授權了大量的養生食品品牌在天貓經營，南極人、貓人、釣魚臺（醬酒）等都有這種品牌授權的經營方式。

比如各種獎項。家具或者家電品牌會炫耀自己獲得的紅點設計大獎，食品行業也有世界食品品質品鑒大會，廣告行業有戛納國際創意大獎⋯⋯等等。

另外，像中檢溯源這種證明產品品質的元素也會被印在包裝上。你也可以想一想，還有沒有其他能作為次級品牌槓桿的元素。

筆記 30

品牌定位是一種認知

有一個叫拉里帕西的人做了一組啤酒品嘗實驗,他首先選定了6個品牌的啤酒,然後隨機找顧客進行實驗。

他把顧客分爲兩組。第一組,他並沒有告訴他們所喝啤酒是什麼品牌的,然後讓他們說出品嘗這杯啤酒的感覺。第二組,他會提前告訴顧客每一杯啤酒是什麼品牌,然後請他們說出品嘗這杯啤酒的感受。

結果很有意思,第二組顧客能準確地說出不同啤酒的差別,而第一組顧客對每一杯啤酒的感受差別不大。

結果如下圖所示,可以看到,只有健力士黑啤酒在盲測時口感有明顯差異。關於健力士,這裡還有一個故事。因爲健力士啤酒的釀造方法確實很不一樣,這種釀造方法導致的結果就是,它的啤酒泡沫特別豐富,如果要喝最好是等到泡沫不多的時候再喝。

所以健力士啤酒的品牌就有一個宣傳口號:好東西值得等待。它還明確宣傳說你倒完一杯健力士啤酒,要等待 59 秒飲用

才是最佳風味。這就極大突出了健力士啤酒的不同風格和差異性。

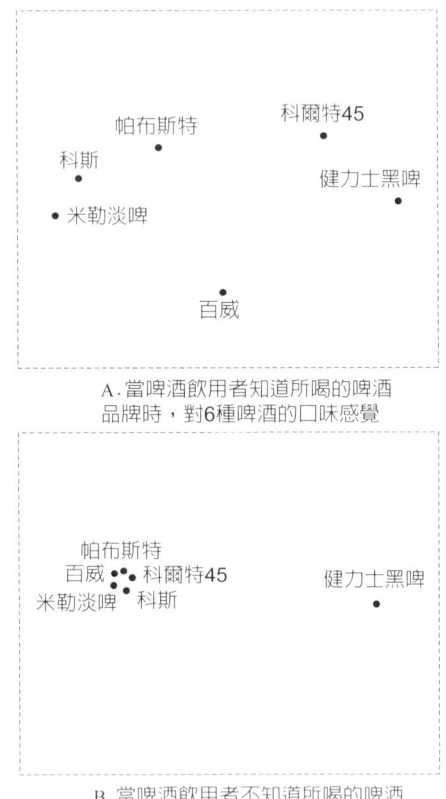

A. 當啤酒飲用者知道所喝的啤酒品牌時，對6種啤酒的口味感覺

B. 當啤酒飲用者不知道所喝的啤酒品牌時，對6種啤酒的口味感覺

啤酒口味隨機測試結果

筆記30 品牌定位是一種認知

　　這個實驗得出的一個結論，就是大部分消費者是無法區分絕大部分品牌啤酒的差異的，他們品嘗出來的差異，是品牌的宣傳和他們擁有的品牌知識。當然我相信，這些啤酒的口味確實有差異，但是還達不到讓普通消費者分辨出來的程度。這時候，反而是品牌日積月累的宣傳帶給了消費者不同的口感，這是一種誘導。

　　我相信極少數老練的啤酒客或者咖啡愛好者是可以分辨出不同品牌之間的細微差別的，但大部分消費者對某些產品的差異不具備分辨能力。那為什麼在告訴顧客品牌之後，他們可以清楚地分辨出各個品牌啤酒的口味呢？那是因為他們心中擁有這個品牌的認知，而這些認知是在品牌的宣傳中使用的內容。一旦擁有這些品牌認知，他們在使用產品時就有了相應的反應。

　　如果某個品牌的產品是一種無差別產品或者是一種無法準確衡量品質的產品，比如紅酒、啤酒或者碳酸飲料，那麼品牌的宣傳通常會說自己的歷史、文化、態度或者很難量化的口感差別。

　　當然品牌的宣傳也可能是想塑造一種形象，當品牌持續展示這種形象或者象徵的時候，這種形象和象徵就與這個品牌的產品綁定了，而這種綁定其實是消費者意識中的綁定，已經成為消費者對這個品牌的固有認知了。萬寶路香菸就是一個非常典型的例子。

萬寶路早期的定位是女士菸，消費者絕大多數是女性。它當時的廣告口號是：「像五月天氣一樣溫和」。但定位在女性香菸，並沒有為萬寶路創造奇蹟，最後以失敗而收場（20世紀40年代停產）。二戰後萬寶路重新開始生產，依然聚焦在女性身上，但經營依然不見起色。

後來萬寶路的廣告代理公司李奧貝納提出了一個大膽的計劃：將萬寶路香菸定位為男子漢香菸，變淡菸為重口味香菸。基於這個產品定位，萬寶路的廣告就不再以婦女為主要訴求對象，而是強調男子漢氣概，於是西部牛仔成為萬寶路廣告的主角。其實這就是一種暗示，暗示萬寶路的消費者就是一群粗獷、豪邁和具有英雄氣概的男人，而這也是絕大多數美國人崇尚的男人形象。

萬寶路改革後的廣告

　　這就是品牌對消費者的一種誘導，廣告的形象變了，顧客的認知也就變了。廣告形象不斷堅持，顧客對品牌的認知也就不斷強化。

　　一個品牌代表了什麼形象，我們從它的廣告中就可以看出來。瑞幸咖啡早期的廣告，邀請湯唯和張震作為代言人，就很好地展現了瑞幸咖啡的品牌調性：文藝中不乏潮流時尚。蕉內（Bananain）的廣告則體現了特立獨行的風格和決不妥協的品質要求。

　　當然，有些品牌的認知是透過廣告對顧客發生作用帶來的，

有些則是產品直接帶來的。有些品牌的商品，即使顧客沒有品牌的相關知識，他們也能立刻分辨出不同。比如一個從沒有用過蘋果手機的顧客，他第一次使用蘋果手機的時候，也能感受到蘋果手機的不同。再比如三胖蛋原味瓜子，因為三胖蛋掌握了從種子到種植和挑選炒製的全部核心技術，其瓜子品質、口感是其他品牌無法複製的，顧客在吃過三胖蛋瓜子之後會立刻感受到它的與眾不同之處。所以這種認知，即使品牌不宣傳，顧客也能感受得到。

　　品牌資產，就是顧客對品牌認知的總和，而顧客的認知，是可以透過宣傳和產品體驗兩方面獲得的。品牌資產的建設，一是要強化產品本身的品質和獨特性，打造出拳頭產品；二是要在宣傳推廣中不斷重複和強化我們想要用戶形成的認知。

筆記 31

我們究竟應該怎麼做品牌

馬甲線不是一天就能練出來的,品牌也不是一天就能做出來的,只要你堅持做,你的品牌就會影響越來越多的人,品牌力也就慢慢出來了。

本書已經接近尾聲。

與《顧客價值行銷》合起來,這兩本書算是比較完整地向你展示了行銷的全貌,以及關於品牌的一些概念。但是讀完這兩本書,你真的對怎麼做行銷心裡有數了嗎?你是不是還會重複過去一直迷茫的一個問題:我們該怎麼去做品牌?

你可能已經讀了一些書,甚至花巨資上過一些「知名行銷諮詢大師」的課程,可依然對怎麼做行銷、怎麼做品牌無從下手,感覺千頭萬緒,不知道怎麼理順這個邏輯。如果這兩本書也沒能幫你搞清楚這些問題,那該怎麼辦?

我想最後跟你聊聊這件事,算是我個人的最後一絲掙扎,看看能不能教會你怎麼做品牌和行銷。

首先，我告訴你，這很正常，讀完一本書覺得腦子裡還是一片空白，這是大多數人的狀態。相信我，你並不孤獨，世界上和你一樣的讀者非常多。那為什麼會出現這種情況呢？就是因為你沒有完整經歷過一個品牌從誕生到發展再到死亡的全過程，這種事沒有親身經歷和體驗是很難學會的。

我今年 47 歲了，完整地經歷了小時候在農村吃大鍋飯、聯產承包責任制、改革開放；有幸在 1994 年考上了西安交通大學，畢業後經歷了網際網路大潮，在中石化這樣的大公司工作過，也在僅有 5 個人的小公司待過；我創業過 3 次，經歷過公司上市，曾經擁有過市值幾千萬元的股票；我結了婚，有了孩子，我自己最後又創辦了小馬宋戰略行銷諮詢公司；我在 40 歲以後體驗到了體能的下降，我知道熬夜對我來說非常難受。我經歷了那麼多事，好處在哪裡呢？對我來說，許多人現在所處的階段，我都經歷過，我知道最後的結果是什麼，那我就很容易知道事情的走向是什麼。但沒有走過這些人生旅程的朋友，他在某個時間點就會很痛苦，以為那是天大的事，其實過來人都會告訴他，沒啥大不了的，再過十年回頭看這都是小事。但你無法勸說當時的那個朋友，比如他失戀了，你知道一個人很快就會走出失戀的陰影，但他不這麼想，他還是要經歷反覆的痛苦，直到最後擺脫失戀的痛苦。有人被騙了，有人跟合夥人鬧翻了，有人股票損失了

幾百萬元，有人無法管理自己的員工，他們都會很痛苦，但這些我都經歷過了，我就有經驗，我可以非常友好地告訴他們，這些你們該怎麼去處理。

下面，我們就來聊聊我最常遇到的一些問題。

我們該什麼時候開始做品牌？

其實，這個問題並不存在，一個企業只要有了一個品牌名，註冊了一個商標，生產出相應的產品並開始銷售，你就已經在做品牌了。我講過品牌塑造的菱形結構圖。首先，你有了一個品牌名，這就是話語體系中最重要的元素，你也或多或少設計了一些銷售話術、推廣內容，這都是話語體系的內容。你有了一個產品（或者服務），或者有了一系列的產品，那你就形成了你的產品結構。有產品，有名字，按照《新華字典》的定義，「品牌就是產品的牌子」，你不就擁有了一個品牌嗎？

為了銷售或者推廣你的產品，你做了包裝，設計了 logo，做了一系列推廣活動，這就有了符號系統和企業行為，塑造品牌的四個要素你都做了，那你不就是在做品牌了嗎？

我當然知道，你可能覺得你的品牌還不夠響亮，沒有影響力。其實，買過你產品的消費者，他們對你的品牌是會有印象的，他們知道你品牌的名字，認識你產品的包裝，也知道你的產

品好不好用，使用體驗怎麼樣，他們也許還看到過關於你們品牌的報導和相關內容，只是瞭解你們品牌的人還不夠多而已。

所以你不是沒有做品牌，而是你的品牌做得還不夠好。

但是馬甲線不是一天就能練出來的，品牌也不是一天就能做出來的，只要你堅持做，你的品牌就會影響越來越多的人，這樣你的品牌力不就慢慢出來了嗎？

一個創業公司前行的路總是磕磕絆絆，很少有公司會完全策劃好了，然後按照設計好的步驟向前推進，因爲很多情況是你無法提前預想到的。

我們該怎麼系統地做品牌？

也經常有客戶問我，我們該怎麼系統地做品牌？這個問題與上一個問題是類似的。

本質上，一個初創公司不存在系統地做品牌這件事。品牌是企業經營過程中一點一點做起來的。因爲至少你有個品牌名，有自己的商品，這些基本要素有了，消費者就會認識你、瞭解你。椰樹牌椰汁的老闆也許從來沒有請過專業設計公司去做視覺識別系統的設計，但是它的包裝有足夠的識別度，形成了自己的視覺風格，有自己獨特的企業行爲和推廣的話語體系。如果我幫你設計一個像椰樹牌椰汁那樣的包裝，你肯定不會接受，覺得太低端

了。但椰樹牌椰汁就是一個神奇的存在,它有完整的品牌資產,符號系統、話語體系、產品結構、企業行為都是獨特的,讓人記憶深刻,這叫「做品牌」嗎?當然是。

而且公司經營千頭萬緒,每年重點把一件事做好、解決一個問題就很不錯了,沒有必要糾結怎麼系統地做品牌。即使是我們服務的客戶,也是在品牌基礎資產設計完畢後,一件事一件事地去做,每年做好一兩件事,慢慢地把品牌塑造起來。

做品牌一定要投放廣告嗎?

這是許多企業老闆迷惑的一個問題。其實,一個知名品牌未必做很多廣告,因為每個企業、每個品類、每個市場環境都是獨特的,不存在做品牌就一定要投放廣告這件事。

香格里拉是全球知名的酒店品牌,你見過香格里拉酒店的廣告嗎?幾乎很少看到,是不是?因為它是知名酒店品牌,可以不做廣告嗎?可酒店品牌的後起之秀,比如亞朵,也不做廣告呀。

餐飲品牌很少打廣告,它們通常只在自己所在購物中心做一些吊旗或者戶外海報的廣告。通常打廣告比較多的就是肯德基、麥當勞這種全球性大眾餐飲品牌,但是這種品牌非常少。

再比如,米做廣告對消費者的影響是很小的。

律師事務所也很少有廣告,但是我們知道律師事務所中也有

比較著名的品牌，比如大成律師事務所。

　　有些公司是靠自己的產品來傳播，有些公司靠客戶口碑來傳播，有些公司靠廣告，有些公司只靠通路就可以。行業不同，公司情況不同，你能採取的手段也就不同。如果有個諮詢公司告訴你，做品牌必須打廣告，那它要嘛是真的不懂企業經營，要嘛就是在忽悠你。

　　正確的做法，是根據企業的具體情況，設計可行的推廣方案，但這個推廣也未必就是做廣告。一家初創企業，可能沒有很多資金去做推廣，這時候看重即時的銷售就更重要。所以企業要更多地投效果廣告，也就是可以立刻看到回報的廣告，因為你不關注廣告的回報，公司很快就關門了。在企業有一定經濟實力的情況下，做一些傳統的廣告（非效果廣告）宣傳是可以的，而且也要在自己的承受範圍內。什麼叫承受範圍內？就是這個廣告投了之後，短期內沒有任何效果你也能接受。你要相信，投放任何廣告都會有效果，只是這個效果不知道什麼時候發生，所以在你有餘力的情況下去投放廣告，這很重要。

✎ 金句收藏

1. 顧客的認同不是設計出來的,而是顧客基於對品牌的長期使用和了解產生的一個結果。
2. 一個享有盛譽的公司句有天然的品牌資產,不僅講是信用、聲譽,還有聯想、形象、性格等特徵。如果你能有效地使用這個背書,就能在新品牌推出時快速建立信任並且為你的品牌資產升值做出貢獻。

番外篇

人無我有，人有我無

我們常常聽到這樣一句話，叫「人無我有，人有我優」。這句話我最早聽到是在 20 世紀 90 年代，我看報紙上有許多採訪企業家的文章，這些企業家都會講這句話。

這句話有道理嗎？確實有道理，但它有適用條件。其實 20 世紀 90 年代初，國內的商業競爭還不是特別激烈，我們甚至還處在一個物資相對匱乏的年代，你做得跟別人不一樣，做得比別人好一點，真的會有很大的競爭優勢。

但是今天，我們處在一個物資豐饒的時代，這句話就不能原封不動地照抄。

戰略設計的一個重要目的，就是創造差異化並且形成壁壘。怎麼才能形成壁壘呢？就是要集中優勢兵力，做透一個方向。從這個角度來說，我們的戰略設計應該做的不是「人無我有，人有我優」，而是「人無我有，人有我無」。

這裡的重點不是說你不應該「人無我有，人有我優」，如果你能做到，當然很厲害，你也能形成競爭優勢。但問題是，別人沒有的你都有，別人有的你做得更好，你不是不應該這麼做，而

是因為你根本就做不到。

所有的競爭都是在資源有限的情況下進行的,既然資源有限,那就必然需要選擇和取捨。你只有集中優勢資源去發展你最擅長、最具特色的方面,你才能在一個方向上甩開對手。當你追求在所有方面都超過對手的時候,實際上你就是選擇了一個不可能完成的任務。

所以記住這個邏輯關係,不能這麼做,不是不應該,而是因為你做不到。

比如奶茶這個行業。蜜雪冰城就追求成本最低(帶來了價格最低),它最厲害的地方就是價格。但因為追求成本最低,它就不能苛求所有方面都做得好。它沒辦法做得很好喝,因為所有產品研發都要考慮成本,所以它只能做到相對好喝,價格絕對低。

茶顏悅色的服務好,那他們就把這個做到極致,極致到同行無法模仿的地步。其實同行也不是無法模仿,而是要模仿的話,就要放棄很多別的東西。比如茶顏悅色必須靠直營才能保證這種服務品質,它就放棄了透過連鎖加盟模式實現快速擴張這條路線,同時它的人員成本也比較高。

在確定戰略方向的時候,你最不應該做的就是:什麼都想要。 我們做過母嬰品牌 Babycare 的諮詢。在做用戶市調時我們問顧客為什麼選擇 Babycare,我們得到最多的一個回答是,他們

家東西好看，有品味。而為了把自己家東西做得好看，Babycare全公司擁有 300 多個設計師。它的東西不是不可模仿，而是想做到同樣高的水平，需要雇用太多的設計師，同行會覺得不划算。

人無我有，人有我無，不是一個絕對正確的道理，而是一個考慮戰略時的思考角度。

找到一個方向，在這個方向上投入重兵，重到別人無法模仿的程度，你就有了取勝的可能。

少年大衛主動請纓去迎戰巨人歌利亞，面對全副武裝、手持利刃的重裝巨人歌利亞，大衛拒絕了掃羅首領給他的盔甲，丟掉了鋒利的長劍，因為他知道即使他穿上盔甲，拿起長劍也沒用，還會讓他行動更加遲緩。

大衛只帶著五塊光滑的鵝卵石和投石的工具，他用鵝卵石擊中了歌利亞的面額，用短刀割下了巨人的頭顱。

大衛並不懂戰略，但大衛知道應該怎樣做才能贏。

人無我有，人有我無。

海底撈服務好，巴奴毛肚火鍋能不能服務比海底撈好，火鍋還能更好吃？理論上是可以的，但商業實踐中這幾乎不可能，所以服務不是巴奴的特色，菌湯和毛肚才是。

如果是力量懸殊的對抗,你當然可以在任何方面強過對手,但面對這樣的對手,其實你已經不需要對抗了。那些實力相當的對手,你又怎麼能全面強過他們呢?所以你只能在某些方面超過對手。

　　而且,一切巨人皆有弱點,這就是你可以獲得優勢的地方。商業世界,有趣的地方正在於此。

一個諮詢公司的經營邏輯

按語：這篇文章發表在 2021 年 2 月 28 日，恰逢小馬宋戰略行銷諮詢公司成立 5 周年。我去採訪其他企業的經營情況，主要還是透過觀察並與客戶接觸來獲得內容。我認為我寫的這篇文章除了真實，還特別有實踐精神。

2 月 28 日，除了小馬宋的員工，不會有人覺得這是個特殊的日子。

但對我們來說這是意義非凡的一天，因為從 2016 年 2 月 29 日到 2021 年 2 月 28 日，公司 5 周年了，照例，我寫一寫這一年來的思考。

早些年的時候，公眾號自媒體還很熱，許多自媒體拿了投資，也有許多人發了財。有一位做自媒體的朋友覺得我很虧，因為我賺到的錢遠遠比不上我的名氣。從某種意義上來說，他說得對，因為那時候的公眾號大 V 確實可以透過很多手段賺錢，而這些賺錢方式，我一個都沒有做。

不是我不想賺，而是有幾個原因：第一，我不擅長做這些事

（比如做收費社群）；第二，我覺得我提供的價值不夠，比如搞新媒體培訓；第三，我覺得有些事可能不會長久，比如公眾號廣告，屬高開低走。因為那時候我就覺得公眾號是在走下坡路了，我個人也沒有能力把公眾號做得越來越好。

所以在 2016 年，我選擇去做企業諮詢（早期是想做廣告，但是整體業務變動不大，詳情不贅述了）。我為什麼會選擇做諮詢呢？也有幾個原因。

第一，我在做自媒體階段，已經陸續為幾家企業做過諮詢服務（早期是以顧問的方式開展業務），有一定的業務基礎，所以讓公司起步並不是很難。

第二，如果從個人顧問算起，諮詢這個行業已經有千年歷史了，而在我可預見的未來上百年內，它大機率會繼續存在。如果我做公眾號或者抖音之類的，我不知道它們什麼時候會消失，但我比較確定它們沒有諮詢這個行業持續的時間長。

既然這個行業命比較長，我們就可以慢慢做，試著為世界留下一個百年企業。

第三，這個行業不是強營運、強效率主導的，不需要像外帶行業一樣把送餐時間精確到分鐘，也不需要像製造業那樣管理大量員工，更不會像餐飲行業一樣處理各種瑣事雜事。不是說別的行業不好，是我不會，不擅長。

第四，這個行業有優點，必然就有缺點。缺點是沒法快速做大，優質諮詢師的供應鏈非常稀缺（中國整個行銷諮詢領域前十名的企業加起來從業人員不超過 1000 人）。不過這都是我可以忍受的缺點，不能快速做大，我們就慢慢做好了；人才稀缺，我們就慢慢找，並且能把優秀人才留住，這樣不就會慢慢做大嗎？

這跟我的性格有關係，所以說選擇行業沒有對錯，只有合適與否。

2020 年，諮詢、廣告、公關行業並不好過，不過對小馬宋似乎沒太多影響，甚至在真正營業時間只有 7 個月的情況下，我們依然取得了 50% 以上的增長。

而且這個 50% 的業務增長還有個前提，就是我們公司的個人顧問業務在 2020 年清零了（2019 年，我個人做顧問的業務量占了公司業務量的 30%），這一年我們做的全是企業的行銷諮詢業務。

是因為我們越來越有名了嗎？其實並沒有，我看微信的搜索指數，「小馬宋」這個指數並沒有什麼大的變化，我公眾號的閱讀量似乎保持著穩定而略微下降的趨勢，我也放棄了半年時間在抖音積累的 20 多萬粉絲，不再更新了。從對外製造影響力的角度來看，我們似乎並沒有大的長進，但我們確實在過去一年逆勢增長了。

2021 年公司年會的時候，我分享過對我們業務的思考：我們從業務量來看依然是個小公司，但比較確定的是我們找到了諮詢公司業務增長的飛輪。我還畫了一個行銷諮詢公司的增長飛輪圖。

這是一個看起來非常簡單的邏輯和道理。

只要我們提供真正有效的方案，客戶就會成長，成長的客戶會成為成功的案例，成功的案例會吸引更多的客戶，更多的客戶就會有更多的成功案例。同時，我們服務的客戶越多，我們在諮詢過程中積累的知識和經驗以及形成的工具就越多，這就進一步增強了我們做出成功案例的能力。成功的案例不僅會吸引更多優質品牌的客戶，還會吸引更多優秀的人才，這也進一步提升了我們提供有效方案的能力。然後，一個新的增長飛輪就開始轉動了。

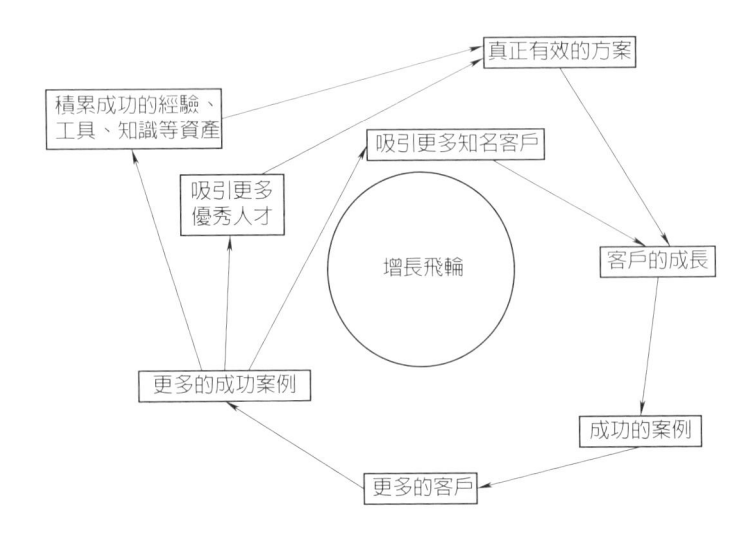

行銷諮詢公司增長飛輪圖

是不是很簡單？

但真正做起來其實非常困難，這就像減肥的道理聽起來很簡單一樣：少吃，多動，但減肥成功的機率並不高。

當我們明白了這個道理，而且堅信這樣做是正確的、可行的，是通往必然的，那在整個公司的營運中，所有的經營業務都服務於這樣一個理念就好了。

所以我們採用了和大部分諮詢公司不同的做法，而這些做法都是圍繞這個信念建立的。

第一，我們深信為客戶提供真正有效的方案是第一位的，也就是客戶的利益為先，所以我們能忍受前三年許多業務的誘惑，因為我們不能在人力不夠、能力不夠的情況下接這些業務，即使它們能給我們帶來很好的利潤。

第二，要找到更優秀的人才，所以我們一直對招人非常謹慎。我們在招人上有個原則，哪怕沒有人做業務，我寧願推掉這個客戶，也不會因此降低招人的標準，因為人是這個行業做出好方案的根本。

對於新招聘的員工，我們在三個月試用期內要儘量考察他們的思考能力、主動性、合作能力等，如果覺得不合適，我們會補償一個月的薪水請他們走人。

第三，有些初創企業或者成熟企業的新專案來找我們合作，我們會根據自己的經驗判斷這個專案的問題，如果成功機率很低，我們會誠實地告訴客戶，這個最好不要做，浪費錢。過去一年，大概有四分之一找上門來的客戶被我們勸退或者他們乾脆放棄了自己的專案。

我們主動放棄一些送上門來的業務，一個核心思考就是永遠站在客戶利益的角度考慮問題，這樣即使不成交，客戶有了新的業務，他們也是會回來找我們的。

第四，在人員配置上，我們公司除了諮詢師就是設計師，沒

有客服，沒有業務人員。因為產出方案的是諮詢師，不是客服和業務人員，所以我們不需要浪費精力在客勤關係和尋找業務上，我們的精力都放在服務客戶身上。

許多公司把主要精力用在跑業務上，我們則相反，我們把主要精力放在服務客戶上，好的口碑會自動帶來更多業務，所以我們獲取業務的模式是不同的。

這些省下來的人力成本，我們把它用在雇用更優秀的諮詢師和設計師身上。

第五，我們從不參加投標和比稿，即使在公司最弱勢、最困難的時候都堅持這樣做。比稿的邏輯是好幾個公司去競爭一個業務，但這裡有個問題，就是你需要花太多精力去準備提案，而市調和提案本身是我們諮詢工作中最重、最耗費精力的工作。那我們為什麼要把精力花在一個不確定的專案上面呢？所以我們不比稿，我們把所有精力花在現有客戶身上。

我們不僅不比稿，也從不行賄，從不給回扣。行賄和回扣本身就是一種經營成本，甚至還有潛在的法律風險。我們靠認真努力工作獲得回報，而不是靠商業賄賂獲得業務，這樣我們又省下了不少成本。第六，我們的業務要求客戶必須是能拍板的高層（最好是大老闆）聯絡確認。有些廣告公司，一年到頭特別忙，其實過了一年往回看，卻沒有什麼成果，很多時候就是因為來回

修改返工太多了，市場經理、總監、行銷副總經理等每人都提一次意見，反覆修改，到了大老闆那裡又要重做。

我們要求對方能拍板的高層必須第一次提案就參加，並主要由高層決策，這樣的工作效率最高、最有效。節省下來的精力，我們用在更好地服務客戶上。

第七，我們在員工培訓上大量投入，並且聘請了不少顧問來輔導我們的員工。因為員工的成長是公司成長的基礎，而且我們非常關注新技術在行銷行業的應用。我們相信將來大數據和人工智慧以及各種各樣新的技術會對行銷產生巨大影響。我們也時刻關注並嘗試應用這些技術到我們的諮詢服務中去。

第八，我們不作假。我們知道，許多行銷案例的傳播數據其實是有水分的，甚至許多大公司的市場部與乙方合謀刷數據，因為大家要背 KPI（關鍵績效指標）。但是我跟我的同事反覆講過一件事，我們做了方案，如果銷售額為零、閱讀量為零，那就接受這個現實，我們再去找原因，重新做，決不能去找水軍刷個數糊弄客戶。要對客戶極度真誠，才能贏得客戶的信任。

更多細節，我不展開講了，其實核心原則就是在為客戶提供有效解決方案這件事上投入重兵，所有的事都圍繞這件事展開，不要有多餘動作，不要把精力浪費在別的地方。

這件事聽起來很簡單，其實做起來很難。

比如業務找上門了，卻沒有人做，這時候你會降低門檻，找一個不是很合格的員工嗎？這個缺口一旦打開，公司就會立刻進入負的增強迴路。因為你沒有把客戶的方案做好，就會導致口碑下降，然後找你的人就越來越少了。

國內的諮詢公司少有紅過十年以上的，據我觀察，就是犯了這樣的錯誤。在公司聲名顯赫的時候，對找上門來的業務來者不拒，而不管自己能不能做好。結果就是好多年就吃一個經典案例的老本，再也做不出更好的案例了。

比如，我們在 2020 年依然增長，是因為我們 2020 年做得好才這樣嗎？其實不是，是因為之前三年我們做得不錯，過去的客戶案例獲得了口碑，然後就有更多客戶找來了。

我個人覺得，2020 年我們確實也做了許多不錯的案例，但這些案例都在實施過程中，還不能對外講，有些客戶也需要時間來獲得成功。所以我們 2020 年做得好，是為了未來幾年我們能有更多的業務。

我們今天的成功是因為過去做對了一些事，未來的成功，則是因為今天做對了一些事。

這就是這一年來做諮詢公司的一些思考，希望對你也有幫助。

面對強大的競爭對手該怎麼辦

軍事戰略有一條鐵律，就是一定要提高自己的勝率，最好是必勝。取勝最好的方法是占據壓倒性優勢，比如用十倍兵力攻擊對方。

當然這是理想的狀況。如果形勢所迫，你必須以弱對強該怎麼辦呢？那就要找到對手薄弱的地方，削弱對方的實力，並且將自己的實力發揮到極致。麥克‧波特在《競爭戰略》中曾經提到「挑選戰場」的概念，就是要在對手的實力無法展開，自己的優勢卻能很好發揮的戰場上進行競爭。

我先舉一個戰爭的例子。

在電影《鳴梁海戰》中，朝鮮水軍數量處於絕對劣勢（與日本戰艦數量比大概是1：20），但朝鮮戰艦大，水軍作戰能力強，戰艦群毆不行，一對一很厲害。所以朝鮮戰艦要拚命趕到狹窄的鳴梁海峽進行決戰。由於海峽狹窄，日軍戰艦無法集體進攻，本來具有的數量優勢消失了。這就是朝鮮戰艦選擇了一個讓對手束手無策的戰場（與歷史上真實的鳴梁海戰細節不太一樣，

但大致情況類似）。

《競爭戰略》在「挑選戰場」一篇中寫道：

假設競爭對手會對企業發起的某個行動做出反應，其戰略議程肯定包括選擇最佳的戰場來和競爭對手展開殊死搏鬥。

最理想的情況是按照競爭對手當前所處的形勢找到一種讓競爭對手束手無策的戰略。由於過去的某種傳統和當前的戰略，競爭對手要追隨某種戰略可能要付出慘重的代價，但是對於發起這些舉措的企業來說卻不會碰到太多困難或承擔過多的開銷。例如，當福爵咖啡用降價手段侵占了麥斯威爾咖啡的東部陣地時，麥斯威爾因市場份額巨大，想要用同樣的降價手段奮力反擊，就得付出沉重的代價。

我們用國內的商業案例來解讀一下這種策略。

比如飲料品牌，作為飲料市場的龍頭，可口可樂在大型超市中的陳列面積非常大，這顯示了它超強的地位。如果一個新興飲料品牌要進來，它先布局大型超市就不是一個很好的策略。因為新興品牌的陳列幾乎會被可口可樂壓倒性的陳列優勢淹沒，新興品牌要是做那麼大的陳列是不可能的，在大型超市中它就會處於

全面的劣勢。

那怎麼削弱可口可樂的壓倒性優勢呢？

新興品牌可以選擇便利店去挑戰可口可樂。因為便利商店的貨架尤其是冰箱的陳列位置非常有限，在這裡可口可樂的陳列優勢並不明顯，新興品牌哪怕只取得一道陳列位置，它被發現和購買的可能性也相對提升了。

所以作為一個新興品牌，元氣森林的戰場最早選在了大學和便利店通路，這是有道理的。

當然戰場的選擇有多種方式，比如在廣大的農村，大品牌未必就有很好的認知，品牌在顧客的購買理由中並不是很重要，這個戰場就給許多品牌提供了機會。

比如在我的山東農村老家，我 2022 年國慶節回去，發現有個叫「山楂樹下」的山楂汁果飲品牌賣得特別好，這就是選擇了一個大品牌競爭力相對薄弱的戰場進行競爭。只要大品牌相對較弱，新品牌就有機會了。

早年公眾號也是誕生新品牌的很好的戰場，因為透過公眾號文章推薦銷售和顧客搜索式購買完全不同，消費者在這兩種購買情境下的決策方式也不同。在公眾號文章中有非常大的篇幅可以詳細介紹商品的特色和優勢，這是在普通貨架上無法實現的。

這也是一種取得相對優勢的戰場。

《西遊記》中收服沙僧的那一回，論實力孫悟空當然比沙僧強，但是沙僧打不過了就跑水裡，悟空水性不好，在這裡他就搞不定。最後還是要觀音菩薩直接出手，讓捲簾大將拜了取經人。

自然界沒有完美的生物，人類會被某個病毒搞得束手無策，大象和老鼠其實根本分不出誰強誰弱。強者也有弱點，有他施展不開的地方，那弱勢品牌就可以選擇在強者優勢無法施展的地方去進攻。

行銷諮詢值多少錢

在我的知識星球上,有朋友問我一個問題,就是諮詢公司報價幾百萬元、上千萬元,它們到底值不值這個價格?

其實諮詢公司的服務值多少錢真的很難定義,要是能想清楚這個問題,你可能就會理解很多商業現象。我也沒有確切答案,不過可以來探討一下這個問題。

首先要搞清楚的是,諮詢公司服務的價值,是由諮詢公司提供的服務和客戶本身來共同決定的。

你服務一個品牌,只有一家店,年營業額 300 萬元,你的諮詢很有用,幫他們提升了 50% 的業績,讓它一年多賺了 150 萬元。你收費 200 萬元,他們可能會覺得這太貴了,不值得。

你服務了一家《財富》世界 500 強企業,年營業額 1000 億元,你幫他們提升了 1% 的營業額,讓他們一年多賺了 10 億元,你收費 500 萬元,這家公司會覺得你的收費簡直太便宜了,因為這種投資回報太高了。

你看,你服務不同的客戶,你的價值是不一樣的。當然,一家行銷諮詢公司的方案也許真的沒什麼價值,這又是另一種情

況。我在這裡講的是，行銷諮詢的價值其實不僅和行銷諮詢本身有關係，還與客戶有很大的關係。

其實廣告的價值計算也是一樣的。

比如世界盃的贊助，2018 年俄羅斯世界盃的一級贊助商花費大概是 1.5 億美元，那麼這個廣告值不值呢？這就要看誰來贊助了。比如我的老家山東青州當地有個白酒品牌，他們來贊助世界盃，肯定不值得，不僅是因為它沒有錢，也是因為他們贊助了也得不到那麼大的回報。如果是可口可樂，他們贊助世界盃就會划算，因為可口可樂的業務遍及全球，而世界杯是全世界球迷的盛事。相對來說，只在中國本土銷售的元氣森林贊助世界盃就沒有那麼大的價值。

當然，行銷諮詢的報價中，還含有諮詢公司品牌本身的一部分價值。比如一家《財富》世界 500 強企業，基本上不會尋找我們這樣的諮詢公司，因為我們太小了，歷史和聲譽都不夠，它應該會在更大、更有名氣、歷史更久遠的公司中尋找諮詢商。

同時，邀請知名行銷諮詢公司，本身就具有一種宣傳價值。我聽說過某些加盟品牌，邀請一家著名諮詢公司做諮詢，其實就是為了向自己的加盟商證明自己的實力，帶給他們信心。

2014 年 2 月，臉書宣布以 190 億美元收購移動社交媒體 WhatsApp。這個價格之所以讓人感到震驚，是因為就在一個月

前，WhatsApp 剛剛進行了一輪融資，估值只有 15 億美元。那麼這個收購價高嗎？這也要看是誰來收購。

收購價是多少，不在於 WhatsApp 市場估值是多少，而在於他們對買家來說值多少錢。

如果是中國的恒大去跟 WhatsApp 談，也許 30 億美元他們也不願意出，因為買來 WhatsApp 對恒大沒用，唯一的目的可能在於將來估值高了轉手賣出去，賺個投資差價而已。

但買家偏偏是臉書，他們急切地需要發展移動社交業務，而 WhatsApp 對他們來說是有巨大價值的，或者說，臉書不僅是最需要 WhatsApp 的買家，也是最適合 WhatsApp 的買家。

190 億美元到底貴不貴？對臉書來說，事實證明它一點都不貴。關於這個問題，我曾經寫過一篇公眾號文章，有興趣的可以搜索看看：〈三個故事：綁票、收購和性勒索〉。

別做「壞的市場調查」

我們做行銷,往往要做大量的市場調查。有些調查是想了解品牌的提及率、回憶度、知名度和品牌形象等,有些調查則希望搞清楚顧客的購買動機、購買習慣和購買偏好等。

但市場調查真的非常坑人,可能同樣的人群、同樣的品牌,你調查的話術不同,結果就會千差萬別。今天我們就聊聊調查這件事。我總結下來,有幾種調查就是所謂「壞的市場調查」。

第一種是目的不純的調查,就是那種為了某個想要的結果而進行的調查。既然目的不純,調查結果當然也就沒有任何參考意義。比如某些廣告或者諮詢公司提出了一個策略,而為了證明這個策略是正確的,公司就會進行一些「調查」,當然這個調查會被調查者主觀塑造出來。我聽一個諮詢界的「老人」說過一句話:「我們這個行業的調查,就看你想要什麼結果,我們總能調查出你想要的那個結果。」

比如一個大公司,他們不會去找真正的消費者,而是在公司內部找個同事假裝調查一下,或者在尋找調查對象的時候找那些他們認為會得到這個結論的消費者。

還有一種預設答案的問問題的方法，比如丐詞魔術（我一會兒會講到）。初心不正，那所謂的結果就根本不具備參考價值了。

第二種是問題問錯了，當然結果也就不對了。

得到課程「跟張弛學市場調查」中，說了一個笑話。

一個年輕人看到一個老人和他腳邊的一條狗，然後小心翼翼地問：「你的狗咬人嗎？」老人說：「不咬人。」於是他彎腰拍了拍這條狗，結果被咬了一口。年輕人抱怨說：「你不是說你的狗不咬人嗎？」老人說：「這不是我的狗。」

這就是問錯了問題，當然你不會得到正確的答案。

比如你寫了幾句廣告語，想去找消費者做一個調查，於是你就拿著這幾句廣告語去問消費者：你覺得這幾句廣告語哪一句寫得更好？請注意，這就是一個錯誤的問題。當你問消費者哪句廣告語寫得更好的時候，他立刻就把注意力聚焦在「哪一句寫得好」上面了。哪一句寫得好，一般人會把它當作一個文學問題，也就是哪一句廣告語遣詞造句最佳，而不是哪一句廣告語更有行銷效果。

比如提醒司機不要隨便停車，你寫了兩句口號：

（1）文明停車是一個社會進步的標誌；
（2）攝影機自動監控，違停罰款。

你說哪句口號寫得更好呢？當然是第一句的遣詞造句更好一些，但實際上，第二句對那些亂停車的司機才更有殺傷力。

對於廣告口號，我們的調查問題應該怎麼問呢？比如一個新飲料品牌，你寫了幾句廣告語，你應該這麼問：你看了這幾句廣告語之後，哪一句看完會讓你會有買一瓶試試的衝動呢？

當然，如果我們要對廣告語進行調查，更好的方式是透過網路廣告直接測試購買下單的機率，這種測試更加接近真實的消費者反應。還有一種問題，叫作丐詞魔術。這種問題其實是預設了問題的答案，你不管怎麼回答，都會落入提問者的圈套。這種問題就是把結論放在問題的前提中進行提問。比如你在做關於奶茶的調查，你問一個顧客：「你喜歡奶蓋茶還是喜歡水果茶？」這就是一個簡單的丐詞魔術提問，因為顧客很可能既不喜歡奶蓋茶，也不喜歡水果茶，但在這個問題裡，顧客的回答只能二選一。

我們家孩子最早不喜歡上幼兒園，我在早上問他的時候就使用了丐詞魔術的提問方式：「你今天是想讓爸爸陪你去幼兒園還

是讓媽媽陪你去幼稚園?」

法庭辯護的時候,律師常常用這種方法提問,以獲得他們想要的結論。這種提問如果用在調查中就是一個壞的提問方式。第三種是把消費者的表達當成了行動。

消費者會撒謊或者言行不一,甚至在消費者說自己會怎麼樣的時候,他也不知道自己說的是錯的。

比如你要是去問消費者他們更相信哪種方式的推薦,他們會說喜歡朋友的推薦而不喜歡電視廣告。這當然沒有錯,所以產品的口碑特別重要。但有時候只靠口碑是無法做到快速提升知名度和銷量的,你只能透過廣告。消費者不喜歡廣告,但是廣告確實有效。

消費者一般不認為自己會受廣告的影響,實際上他們會自覺不自覺地受到廣告的影響。

一扇門本來是可以拉也可以推的,但你在門上貼一個字「推」字,大部分人就會去推這個門,而不是去拉。我們就是時時刻刻受到這種影響,廣告對消費者的影響也是一樣的。這個時候,我們應更多地觀察消費者的行動,而不是表達。因為消費者的表達很多時候要考慮自己的形象,或者表達的是自己認為的結論。

第四種是只想做輕鬆的調查。

這個其實是心態和做事態度問題。

設計幾個問題，然後在網路上或者找幾個朋友問一問。這種調查當然不難，但是它可能不準確，或者不全面。有時候，好的調查是靠那種瑣碎、細緻、重複的工作累積起來的。調查不一定就是要在網上或者面對面去問消費者，還包括觀察、記錄、搜索和分析等行為。

比如我們在服務滿滿元氣棗糕的時候，我們現場觀察了客戶的 20 多家門市，對 30 多家競品店做了現場觀察，還在 3 家門市安裝了攝影機記錄了一周的消費者購買情況；另外，我們的兩位同事還去滿滿元氣棗糕的門市做了兩天銷售員。我們根據觀察結果，對滿滿元氣棗糕的店面、海報、口號、商品結構、糕點陳列、燈箱、燈光亮度、充值卡、銷售員話術等提出了改進建議。

我們在服務雲耕物作紅糖薑茶的過程中，也是對顧客在店鋪的評論留言、客服的諮詢記錄等進行了大量的數據整理，最終發現了顧客最關注的問題，然後對包裝、商品詳情頁等環節進行了改進。

其實用戶調查是創建品牌戰略的基礎，因為對情況搞不清楚，你就根本無法判斷該怎麼往下走。有些人看起來很忙，那不過是一種對自己的欺騙而已。

別做「壞的市場調查」

2020 年渾水[20]發布了一個對瑞幸的調查報告，先不說結論是否準確，至少調查方法是值得很多投資機構和研究者學習的。據說，調查方委派了 92 名全職調查人員和 1418 名兼職調查人員，記錄了 981 家瑞幸咖啡門市的日客流量，覆蓋了 620 家店鋪 100% 的營業時間，從 10119 名顧客手中拿到了 25843 張小票，進行了 10000 個小時的門市錄像，並且收集了大量內部微信聊天記錄。

再說一下我們當時調查一家小吃店的情況。我們 2018 年去成都一家做鍋巴馬鈴薯的小吃店考察，那是一個當時特別紅的小吃品牌，我在小吃店門口站了一個小時，數了他們一個小時內銷售的鍋巴馬鈴薯數量，再根據他一天的營業時間和單價，基本就可以算出一個月的銷售流水。我得出的結論是：這家店看起來天天排隊，但每天賣出的小吃份數並不多（因為出餐速度極慢），不怎麼賺錢。如果你只看它排隊的盛況，你會以為這家店日進斗金呢！

蜻蜓點水的調查相當於沒做，有時候我們比別人做得好點，無非就是我們比別人做得更認真一些罷了。

---

[20] Muddy Waters，一個美國的匿名調查機構，針對在美上市中國公司發佈質疑調查報告。——編者注

行銷中那些老闆糾結的問題

在我們公司 7 年的經營過程中,至少接觸了幾百家客戶,這裡我總結了一些典型問題,順便也提供一些我的個人看法供大家參考。

問題 1:為什麼別人家的 logo 都那麼好看,自己的 logo 總覺得設計得不到位呢?

回答:其實真的沒有完美的 logo,有的確實一看就很喜歡,但大多數都是看多了就好看了。像奧迪的四個圈,如果第一次是給你設計的,你會接受嗎?審美這東西比較複雜,你讓 10 個人來提意見,他們能說出 15 種看法來,而且他們可能也不知道自己在說啥,只是為了表示自己有見解而已。

如果沒有一個拍板決策者,所有的事都會效率低下。只要不犯原則性錯誤,在 logo 上不要追求完美。就像找對象一樣,你不可能找到完美的對象,否則到最後就可能把自己給剩下了。

問題 2:紅色被可口可樂用了,綠色被星巴克用了,我們還能用這兩個顏色嗎?

回答:幾乎所有顏色都有品牌用了,問題是你總要定一個顏

色。

如果持續糾結這種事,那就什麼都做不成了。與其糾結,還不如早早定下來去搞點有意義的事情。

這個問題本身就沒什麼意義。

問題 3:我們要不要砸錢去投廣告呢?你看對手都投了。可是投廣告的話,有沒有效果呢?

回答:投不投廣告在於你,不在於對手。對手的情況可能和你不一樣,不要只看對手投多少,要看你自己投了會不會好。也許對手砸錢投一年,就把自己投死了;也許對手拿到了投資,只能靠大量廣告來維持銷量,這些都是你無法確定的事情。

傳統的廣告投放是一件長期的事情,如果想短期出效果,那最好去投效果廣告。這件事,錢多就多投,錢少就少投,沒錢就不投;有決心就多投,沒決心就再想想,不怕失敗就可以投,一定要多長時間看到結果,那就不要想了。

如果投效果廣告,沒效果就停止投,效果好就持續投,效果特別好那就借錢投,很簡單的道理,不要想複雜了。

問題 4:有沒有可能花很少的錢來引爆品牌呢?

回答:這件事也不是沒有可能。你可能總是覺得有人突然就引爆全網了,這其實是沒有想清楚背後的許多前提。比如每年想引爆全網的品牌有上百萬個,但是能引爆全網的品牌每年只有那

麼幾個（你可以想想去年你記住了幾個），這個機率就是百萬分之一，跟買彩票中大獎一樣。

另外，你其實也不知道一個引爆全網的行銷事件背後，品牌究竟花了多少錢，你聽說的和真實的狀況其實是不一樣的。

所以，答案是有可能，但可能性很小。你是想靠買彩票發財，還是想努力奮鬥發財？

問題 5：我們是好多知名品牌的代工廠，能不能也做一個自己的消費品牌呢？否則總是給別人作嫁衣。

回答：你給別人代工不收錢？別人一年幾個億的行銷費，你捨得花？別人幾萬個地推人員，你有能力組織嗎？別人搞了十幾年通路建設，你有嗎？這個問題就像是在問：騰訊真賺錢，我們能不能也搞個騰訊呢？

做製造業代工，和做消費品品牌是兩種完全不同的能力，鯊魚是不會羨慕老鷹能吃到小雞的，因為它知道自己沒有翅膀。

除非你能挖過來一個能做這種品牌的團隊，讓自己長出這種翅膀來。但是，所有人都想要這種人才和團隊，你要想想，人家為什麼要來你這裡做？

問題 6：我們請了諮詢公司，如果不成功怎麼辦？

回答：沒有諮詢公司能保證成功，要是不成功，那就接受失敗，這世界上誰能保證 100% 成功呢？如果有，這也是對商業世

界的不尊重，那個人一定是個騙子。

問題 7：我覺得這句口號別的品牌也能用！

回答：Nike的口號，理論上來說，其實哪個運動品牌都能用。如果一個口號能幫助你，那你就率先享受了這個口號帶來的紅利，為什麼不用呢？

問題 8：我們幾千家線下門市都是玻璃門，你說我們是開著門經營好還是關著門經營好？

回答：你開一個月，再關一個月試試，可能就知道了。有些問題不需要討論，只需要去驗證。

問題 9：我把這個包裝給我朋友看，他覺得不好看怎麼辦？

回答：當你請一個人評論一個包裝好不好看的時候，他的注意力就集中在好不好看了，但包裝的作用並不是為了好看，而是為了促進消費者的購買。

另外，也許你的朋友並不是你的目標消費者，也許你這個朋友也不懂，他只是為了讓自己覺得有點價值而已。

問題 10：今年原材料成本上漲，要是不調價就會虧損，要是漲價，顧客投訴怎麼辦？

回答：要嘛降低品質，保持原價，顧客也會投訴；要嘛保持品質，保持價格，顧客不會投訴，但你會虧死；要麼保持品質，提升價格，顧客有抱怨。如果只有這幾種選擇，你也就只能選擇

其中一種，然後跟顧客解釋清楚。

問題 11：這個包裝很好，可是法務說可能會有違規問題，但又不確定，我看對手也用過類似的，怎麼辦？

回答：如果想用，那就用，等監管機構明確說不行，到時再停用；如果擔心將來有違規，那就別用；只要自己承擔未來的後果就好了。

問題 12：這個口號很好，但有觸犯「廣告法規」的疑慮，太可惜了。

回答：這有什麼可惜的，也許你的同行早就想到了，也不能用，你以為你是第一個想到的嗎？

問題 13：「廣告法規」有各種限制，現在做傳播越來越難了，我該怎麼辦？

回答：任何行為都有各種法規限制，我們都是在戴著手銬跳舞，這才是世界的真相。都是成年人了，要學會接受世界的不完美。

問題 14：10 年前我們餐廳特別紅，現在顧客越來越少了，怎麼辦？

回答：人無千日好，花無百日紅。要想紅久一點，就要時刻努力，不斷創新。只想守著原來的品項，還想俘獲現在的顧客心，好事都讓你占了，怎麼可能呢？

記住《愛麗絲夢遊仙境》裡那句臺詞：「你必須不停地奔跑，才能留在原地。」

問題 15：我認為我們這個產品有巨大的創新，特別好，為什麼顧客就是不買帳呢？

回答：我們要學會尊重結果，而不是按照自己的看法去想像世界。顧客不喜歡，那說明你錯了，說明產品不好。

其實，所有的糾結，不外乎這幾種原因：一是啥都想要；二是只想著成功，不能接受失敗；三是入戲太深，連自己都騙了。

成大事者，不糾結，祝你能想通。

越想增長,越難增長

按語:這篇文章,是我的好友,也是知名的戰略和行銷領域的研究者李靖在混沌有系消費營的一次內部分享。在這次分享中,李靖分享了幾個關於企業增長的核心話題,當時我的公眾號也轉發了這篇文章。因為李靖討論的幾個問題與我思考企業經營的角度有一些共通之處,所以我徵得李靖同意,把它放在這本書中。

講到增長這個話題,最常見的一個思考視角就是,如何優化效率、抓住流量、完成增長。一個經典 AAARR 模型可以很好地詮釋這種思考模式。

最近幾年遇到的無數企業都沉浸在這個思路裡:融資,獲取用戶,變現收入,再融資,然後不斷找到各種方式去提高效率,抓取更多的流量。

但時間長了,很多人都體驗到一種無力感、勞累感——感覺像被人拿著鞭子抽打一樣瘋狂奔跑,全力以赴卻很難再取得更大的成就。我們仍然在不斷開發產品、研究流量,不斷再優化組

織、提高能力，但就是很難突破，一直在原地徘徊。

這時，你會感覺好像進入了增長的瓶頸。

進入增長瓶頸的一個典型現象，就是越想增長，距離想要的增長越遠。

比如一個在淘寶做食品的品牌，命中動能崛起後，想要維持增長，就不得不繼續擴增品類並且依靠新產品去帶動新流量。隨之而來的就是，每一種產品產銷規模都很低，形成不了規模效應，從而無法給用戶帶來超值體驗，提高了規模卻逐步失去用戶的信任。而且，這也要求公司頻繁成立無數的專案組，採用各種不同的工作流程，管理複雜度與日俱增，甚至讓創始人開始懷疑自己的管理能力。

但沒辦法，你必須增長，只有增長才能維持動能，咬著牙挺吧，可能挺過去就好了。可結果往往相反，公司陷入了一個惡性循環的怪圈。

如果用一句話來形容這種現象，那就是我們被我們想擁有的東西綁架了。

所有人都知道，增長最重要的方法就是在大趨勢中先人一步進行創新，站在用戶的角度創造超額價值並贏得口碑，以及不斷積累和沉澱自己。但當一個人被增長的預期綁架就會失去這些習慣，他會像投機者一樣地去跟隨對手而非做開創性的事情，會天

天計算自己的利弊得失而非關注用戶，會抓取身邊的資源、流量而非積累價值，這些都讓他距離增長越來越遠。

再進一步的惡性循環，就是覺得這些問題的原因是自己還不夠狼性、不夠拚搏，所以不斷壓榨自己、逼迫自己，讓自己活在焦慮緊張和對失去的害怕中，讓自己更加難以去做自己熱愛的事情，更加難以專注，從而進一步失去優勢。

這就是一個在增長中最常遇到的怪圈，說實話我也曾深受其折磨，不斷思考如何去突破。我發現，破除增長焦慮唯一的方法，就是從追求增長的視角切換成價值創造的視角。

之前我的老師寧向東教授曾推薦我一部經典電視劇《雍正王朝》，裡面九子奪嫡的情節對我很有啓發。

在康熙年間的九子奪嫡中，太子和八皇子深陷這個怪圈，他們特別想爭取到皇位，並爲此拚盡全力。爲了爭取皇位，他們夥同越來越多的大臣，不斷攻擊其他參與競爭的皇子，爲了避免失敗不敢去接受困難的任務（比如追繳國庫欠款這種吃力不討好、有巨大政治風險的事情一概不做）。

但到頭來，這種爭取皇位的行為，反而讓他們失去了最寶貴的資產——皇帝的信任，從而讓他們距離皇位越來越遠。

相反，四皇子的戰略顧問鄔思道（號稱編劇附體的人）提出了違反常識卻眞正行之有效的關鍵戰略：「爭是不爭，不爭是

爭。」就是當你去爭權奪利時,反而距離皇位越來越遠;當你不去爭,只想著怎麼給大清國創造價值時,反而能贏得皇帝的信任,這才是最大的爭。當四皇子用這個不一樣的視角去看待奪嫡的競爭時,自然做出了很多與眾不同的行為(比如主動接下吃力不討好的差事,比如在關鍵時刻不對二皇子落井下石),幫助他最終贏得了皇位。

當然這跟史實有一定出入,卻給了我很大啟發。有時候視角的調整會帶來巨大改變。四皇子最與眾不同的策略在於:從一個爭搶的視角,變成一個貢獻的視角。

同樣,面對增長焦慮,面對長期增長的困局(短期增長非常容易,算帳就行了,但是持續增長真的非常難),我們只有調整視角,才可能破局。我一直相信,轉化看待問題的方式,而非解決問題本身,往往才是最關鍵的辦法。

這裡面最難的一個轉變,就是如何從一個追求增長的視角變成價值創造的視角,從一個「我如何得到增長」變成「我如何成為一個值得被獎勵增長的人」。只有進入這樣的視角,才有可能去做真正有利於長期增長的事情。比如在巨大的趨勢面前做開創性的事情;關注用戶,並且提供超額價值;立足於長期去做積累。否則,找再多的方法、喊再多次長期主義都沒用,畢竟問題出在那顆「心」上,而非那個大腦上。

那麼怎麼切換這個視角呢？

之前有一次參加曾鳴書院的活動，當時曾鳴教授有一個觀點帶給我很大的啓發，就是現在的戰略最重要的就是怎麼面向未來、面向用戶。而大部分企業和個人，實際的出發點都是面向過去、面向自己、面向資源，其背後都是一種「爭搶的視角」。

真正要去擺脫這種視角，最難的不在於方法論，而是三種「勇氣」，即面向未來而非面向過去的勇氣，面向用戶而非計算利弊的勇氣，積累價值而非抓取資源的勇氣。

面向未來而非面向過去的勇氣

我一直好奇一個問題，就是究竟是什麼，讓一些本來很具備開創性的創始人，變得因循守舊、故步自封，從而深陷增長瓶頸的。

前段時間，跟一個做到一定規模但陷入增長焦慮的消費品公司創始人聊過，他每天非常忙，忙著搞定更多的通路，忙著建立更多的聯名合作，忙著尋找一個又一個便宜流量，但當我問「你所在的行業未來三年最重要的機會是什麼」時，他卻楞住了。

是的，幾年前開始創業的時候，創業者對這個問題都有著清晰的認識，但是做到一定的規模後，反而失去了對未來機會的感

知、對行業變化的洞察,開始在資本的驅動下瘋狂地追求規模。

那麼究竟是什麼讓一些開創性的人深陷瓶頸?

過去一段時間我上了一些身心靈的課程,發現其中有個重要的觀點,就是「你如何理解你的過去,決定了你如何應對未來」。

我參加過一些公司的覆盤會,一個最重要的環節就是回顧公司發展的過去並以此啓迪未來,我發現大部分時候本質上是在問這樣一個問題:

過去你堅持了什麼,從而讓你有了今天?(暗含的假設就是繼續堅持這些會創造更好的明天。)

接著會總結出非常多的方法論、經驗和價值觀。這本身沒有錯,說實話還很有收穫,但接下來又會基於這些對歷史的總結來決定下一步做什麼、不做什麼,這往往就陷入自我設限裡去了。

我記得研究生一年級的時候看柯達的案例,當時清晰地記得柯達認爲自己成功的重要法門是堅持成像的品質和性能(這個信念也在一定程度上限制了它們進入更加便捷但是成像品質相對低的數位相機市場)。但這個歸因並不是事實,柯達最初的成功是因爲創始人喬治·伊士曼開發了人人都可用的、低價、便捷但性能相對低的相機,第一次把相機從一個專業人士的工具變成了大

眾產品。它最初成功的法門並不是高品質，而是抓住技術**趨勢**開發適合更多人群的便捷性產品。

如果我們在覆盤會中除了上面的問題，還問了另外一個問題：「過去你抓住了什麼機會，或者打破、開創了什麼讓你擁有了今天？」你就會發現視角完全不一樣了。我相信每個曾經有過成就的公司和個人，幾乎都有過或多或少的、抓住某個**趨勢**打破慣例的開創性舉動。但很多人和公司一旦取得了成功，就把這一點給忘了，誤認為自己是靠日復一日的例行動作獲得成功的，並且期待，只要重複這些動作，提高自身效率，改正自己的缺點，成功就會再次如期而至。

當成功沒有如期而至的時候，就會進一步想，是不是自己還是對自己不夠狠，自己的缺點還是太多，自己還是沒有足夠堅持之前的價值觀和做法。接著就進入一個因循守舊並且給自己施加越來越多框框的循環。

思考「我們堅持了什麼讓我們走到今天」並沒有錯，但是我們經常忽視了另一個視角，就是真正巨大的增長一定來自巨大勢能的推動，來自巨大勢能下有意義的開創性的舉動。

就拿消費品行業來說，歷史上成功的大公司，無一例外都是與當時最重要的勢能成為朋友，率先透過開創性的舉動抓住巨大的**趨勢**，比如新的用戶群和市場、新的通路和媒介、新的科技

等。

比如路易威登率先開發出輕便、耐磨損的旅行箱，抓住了19世紀歐洲火車普及的機會；Nike透過贊助頂級球星的方式抓住了電視轉播崛起的機會；索尼抓住了晶體管技術突破的契機開發了隨身聽……等等。

甚至這些公司的持續增長，也是因為抓住了新的**趨勢**和機會。比如LV後來成長為一個大集團，得益於率先抓住全球化**趨勢**，在全球開設直營門市。

這個道理如此之簡單，但也如此廣泛地被忽略。當我們進入一個追求增長而非價值創造的視角，我們就會特別想延續過去的高速增長，於是就會產生這樣一個信念：

只要我自己仍然是昨天的自己，我就可以複製昨天的成功。

有了這樣的信念，我就什麼都不敢嘗試了，因為一旦嘗試改變，我就不再是昨天的我了，一旦不再是昨天的我，我就不能再複製昨天的成功了。即使做新的嘗試，也會帶著濃濃的過去，生怕一旦沒有使用過去所積累的資源，就無法取得新的成功。

比如在智慧型手機開始盛行的時候，微軟也看到了這個巨大的**趨勢**，但是它的想法是開發一套能夠兼容視窗軟體的手機操作系統，而非完全以手機為核心去構建系統。這個戰略對當時微軟開發手機操作系統形成了巨大的拖累。

如果換一個視角，我想要的不是追求增長本身，而是基於長期目標，抓住趨勢去創造更大的未來，是不是感覺就不一樣了？

　　蘋果開發 iPhone 其實是顛覆了自己過去的 iPod，做一個新業務去替代老業務。

　　寶僑最早也只是賣肥皂。我想 19 世紀末的時候，如果寶僑基於過去做自我定位，就是做肥皂的，接下來的戰略可能就是聚焦肥皂、深耕肥皂產業鏈，就很難有今天的寶僑。但如果看到了 19 世紀末最大的動能是廣播媒體的出現帶動了全國品牌的建立，就自然會發現還有更大的空間。

　　之前我看歷史書的時候，發現中國古代文化也是，中國從南宋以後就失去了開放性，開始用過去定義自己，走向了自我封閉的道路——符合這些標準的就是中國文化，不符合的就不是——而不是保持開放，像漢朝、唐朝那樣，可以把任何文化吸收進來。

　　這裡的一個重要判斷就是，你覺得過去的你和未來的你，哪個更大。只有覺得未來的自己更大，遠比過去已經創造出來的自己要大，才能真正洞察趨勢，開創未來；才可以真正看到市場的擴張、需求的遷移、通路和媒體的變革、科技的滲透和普及帶來的勢能，並且順應這個勢能去創造價值。

面向用戶而非計算利弊的勇氣

當我們在一個追求增長而非創造價值的心態中時，還有一個典型現象，就是陷入循環往復、永無休止的評估判斷中，然後不論怎麼計算和判斷都算不出最優解。

對一家大型企業來說，到底是做多個品牌還是將不同產品統一到一個品牌中？如果做多個品牌，就不能重複用之前品牌的動能，顯得太散；如果不同產品線共用一個品牌，按照定位理論，又會扭曲定位和認知。

對網際網路公司來說，到底是做模組化 App 還是做一個大的旗艦App？

對消費品通路來說，到底是聚焦線上還是擴展線下？

但如果把視角切換為「我想解決用戶的問題，應該怎麼做？」，答案就容易找到了。

比如品牌策略。在電視廣告場景下，用戶看廣告和去超市購買是分離的，他就是需要一個品牌代表一個品類方便去記憶，還需要簡潔的口號、清晰的形象和明確的利益點，否則到時候去了超市還是不知道怎麼選，這時候自然需要你聚焦定位。但有時候，比如用戶在淘寶買零食，他就是需要一家店多買點，一個大禮包買回家，最好是一個牌子的，那自然就應該用一個品牌代表

多個品類。

甚至你要不要做品牌，也是看你要解決具體用戶的什麼問題。格力需要做品牌，因為用戶選空調後悔成本太高，自然需要穩定的品牌幫忙判斷；茅台需要品牌，我請朋友吃飯希望擺上一瓶酒，朋友就知道這酒很貴，不需要解釋也能顯現我對朋友的重視，自然就需要價格高、品質穩定的品牌。

這是一個非常簡單的常識，就是增長背後的動力，一定來自用戶的持續選擇和使用。但更多時候，我們進入了一個追求增長的心態中，就會把簡單的問題複雜化，去計算每一個決定對自身的利弊得失，反而越來越分析不清楚。我們會基於自身需要反推給用戶提供什麼，只能是越來越累。

一個網際網路 App，按照數據分析，為了降低流量成本，需要提高頻率，所以就給用戶加上很多根本不需要的功能。

一個集團公司，按照戰略分析，需要開展多元化業務以滿足增長的需求，所以就逼迫自己去做很多並不擅長的行業，最終鎩羽而歸。一個家具公司，按照對標研究，需要提高門市的顧客時長，所以學習IKEA，做多品類的體驗式門市，卻忽略了宜家的出發點並不是提高顧客的時長，而是解決它崛起時最重要的客戶需求──當客戶搬到一個陌生的城市，如何一站式地在一天之內擁有一個家。這個需求來到中國可能已經完全不一樣了。

是的,我們經常去學習很多「打法」和「模式」,並且計算每種打法和模式帶給自己的價值,卻忽略了自己最重要客戶的最重要需求,以及如何基於這些最重要客戶的最重要需求去迭代自己。

我們特別想要增長,但正因如此,就會把視角全部放在自己身上,去計算自身的利弊得失,於是距離顧客越來越遠。

這就像九子奪嫡中的八皇子,每走一步都是在計算自己的利弊得失,而非去看大清國和父皇到底需要什麼,所以距離皇位越來越遠。(實際上,這也是我認為現在最大的機會——如何基於新一代用戶的 需求,把所有的產品重新做一遍。當然篇幅所限,關於消費者洞察如何驅動公司的業務,就不詳述了,因為最重要的不是方法,而是視角,這裡推薦克萊頓‧克里斯坦森(Clayton Magleby Christensen)的《與運氣競爭》。)

積累價值而非抓取資源的勇氣

陷入對增長的焦慮,還有一種典型的做法,就是所有的做法都越來越指向資源的抓取而非價值的積累。

前面講的《雍正王朝》中九子奪嫡的案例就是這樣,太子和八皇子越是擔心自己當不上皇帝,就越是抓取各種短期資源,比

如收攏投機派的大臣。這樣反而讓他們喪失了最重要、最稀缺的那個價值，也就是皇帝的信任。

我觀察到很多陷入瓶頸的企業、個人，甚至包括我自己，都會有這樣的舉動。

比如一個品牌，越是對增長有焦慮，就越會降價促銷、通路讓利，短期內銷售額上來了，卻失去了品牌的動能（比如「八項規定[21]」後大量的中高端白酒品牌降價促銷，砸了牌子，似乎只有茅台認識到品牌才是最重要的資產，沒有用品牌的犧牲去換銷售額）。

比如一個職業經理人，越是對自己的晉升有焦慮，就越會要求更大的權力、管理更大的業務，以期藉由這樣的資源去做事，從而證明自己，這樣反而什麼事情都做不好，然後失去了領導的信任。

比如一個網際網路公司，越是對盈利有要求，就越會在每一筆投放前計算短期回報，不打平不做，這樣反而會失去很多能夠帶來巨大變革的機會，喪失了長期產生更大盈利的可能（我的一個朋友跟我提過，字節跳動的增長部門，經常優化的不是投資回報率，而是抓住機會的速度，因為有時候機會是最大的成本）。

21　2012年12月4日的第18屆中共中央政治局會議上提出，審議了關於改進工作作風及密切聯繫群眾的八項規定。——編者注

實際上，這也是一個奇怪的現象，我們花費了太多精力去抓住無限的、流動的東西，而非關注真正稀缺的、不變的東西。

對皇子們來說，權力其實是無限的，想要爭取總是可以獲得更多，但是皇帝的信任卻是稀缺的。

對一個品牌來說，銷售額幾乎是無限的，而且每年都在改變，但是用戶的品牌心智是稀缺的。

對一個科技公司來說，資本幾乎是無限的（想要融資總會有風投等著），但是機會是稀缺的，一旦錯過一個重大機會，下一個需要等很久，甚至有被顛覆的可能。

這背後的心態是什麼？

就是當我們越追求增長，就越傾向於在數據上獲得安慰（對比皇子的黨羽、職業經理人的權力和彙報、品牌公司的銷售額、網際網路平臺的日活用戶數）。我們越是尋求這種安慰，就越容易去抓取最容易獲得的資源，而這種資源一定是無限的、流動的，換句話說，是不值錢的。

接著就會進入一個怪圈，我們放棄真正值錢的東西去換取不值錢的東西，我們能掌握的實際競爭力就會越來越少，增長就會越來越困難。為了緩解焦慮，我們就會再進行資源抓取，由此形成惡性循環。

而要打破這種循環，就不得不去識別，在當前環境中，最稀

缺、最恆定的是什麼，有時候是品牌，有時候是數據，有時候是稀缺供給，有時候是人才。如果整體的優化目標本著這些，就會形成正向的價值積累。

結語

　　為什麼「可持續增長」這麼難，有個很重要的原因，就是一個人或者企業成功之後，往往就不再去做當初給他們帶來成功的事情。

　　他們當初的成功，往往是在別人存在慣性的時候，率先面向未來抓住機會；往往是在別人較少關注用戶的時候，深刻洞察了用戶需求並且以此為準繩去設計所有的動作；往往是在別人追求短期資源的時候，能夠識別關鍵價值並且去積累價值。

　　可後面一旦面對巨大的增長預期，就很容易為了追求增長而放棄價值創造，開始因循守舊面向過去，開始不關注用戶而是計算自己的利弊得失，開始抓取短期的增長數據以提高安全感，最終陷入了瓶頸。

　　最近我最大的感觸就是，打破這種增長瓶頸的怪圈，需要根本性切換自己的視角，從一個追求增長的視角，變成價值創造的視角，而這需要很大的勇氣，也需要信念。

用產品經理思維做出超強線下推廣

按語：本文是樂純優酪乳創始人劉丹尼在大眾點評工作期間一次推銷工作的覆盤。在這裡，你可以透過一個具體的實操案例來瞭解推廣工作要考慮的細節和不斷改進、提升效率的方法。具體內容略有增減。

今年（2014）上半年的時候我在大眾點評工作。4月至6月的這段時間裡，大眾點評打響了一個進入國內三、四線市場的品牌推廣專案──產品內部廣告、辦公大樓LCD（液晶顯示器）廣告、大樓看板廣告、公車站等車亭廣告、電影開演前廣告、線下推廣、PC端線上推廣、移動端線上推廣、社會化媒體行銷──橫跨9個通路，覆蓋全中國20多個三、四線城市。

作為這個專案的領導者，我一個人聯絡了大概十幾個不同資源的負責人，當中有兩個月體重直接掉了10斤。其中的一些城市，你可能連名字都沒有聽說過，那裡的群眾用手機QQ的頻率甚至還略高於微信，而且他們絕大部分人從來沒有聽說過大眾點評，所以，這似乎就是一個從零開始的「創業」專案。

因為各種原因，這裡講的只是這個專案中的一個小環節：線下推廣，更準確地說，是這個小環節中的一個更小的環節——發傳單。

發傳單這個事情，做過的人肯定知道，轉化率通常是在 0.3%~0.5%。也就是說，你發 10000 張上面印著各種降價優惠商品的傳單，會有 30~50 個人透過掃描上面的 QRcode 下載你的 App 客戶端。如果上面再附上什麼「10 元抵用券」之類的，轉化率會更高一些，約在 0.8%~1%。小於 1% 的轉化率，這是大部分 O2O（線上到線下）、電商、移動網際網路公司交出的「發傳單」答卷。

而在這個大專案中，我們發傳單的轉化率是多少呢？

22.3%。

我們實現了 22.3% 的轉化率，是傳統傳單轉化率的 20~40 倍。那麼問題來了——我們是怎麼做到的呢？

背景

目標：讓 N 萬三、四線城市用戶使用大眾點評。因為三、四線城市用戶對「點評」功能的需求幾乎為零，所以能夠切入這些市場的產品就是團購。專案目標進而轉化成了獲取新團購購買

用戶。

策略:以 5 元爆款團購為主題的大促銷(是不是聽上去覺得挺無聊的,這才是樂趣所在)。上團購,花 5 元就可以看一場電影,或者花 5 元可以買價值 20 元的麵包、甜點等。電影票和麵包券均是最暢銷的團購產品,再配合線上線下所有產品的免費、付費通路的推廣,為期兩個月,覆蓋了 25 個城市。

所以你就不難算出,這是一個幾千萬元級別投入的推廣專案。

那麼問題來了,在對新市場幾乎一無所知的情況下,你如何策劃,才能確保這樣一大筆錢都花在了有效的地方?

策劃即產品

與傳統上大家認為的策劃不同,我有個新觀點:一個策劃就是一個產品。

一個產品的領導者至少需要聯絡用戶溝通、前端開發、後端開發、界面設計和數據分析 5 個負責人。他需要充分理解和挖掘用戶的需求,並協調內部利益,領導他們做出好產品。

作為這個案例專案的領導者,我需要聯絡:

(1)產品——讓產品團隊理解推廣策劃的優惠邏輯,並把

他們與現有的 App 和 PC 端產品相結合。

（2）技術──技術人員需要安排開發時間，並和產品一起與專案團隊負責人討論技術限制。

（3）銷售──25 個城市的團購區域團隊都需要配合這個專案，談下相應的優惠團購單。

（4）誠信──防止大規模優惠推廣中的作弊行為。

（5）設計──讓設計團隊明確整個活動中涉及的所有平面 VI（視覺識別系統）設計需求，並不斷審核迭代。

（6）BI（商業智能）──讓數據分析團隊追蹤不同優惠產品、不同城市、不同媒體投放的效率，從中獲得寶貴的實戰經驗。

（7）公關──傳統新聞媒體的預熱和跟進報導。

（8）社會化媒體行銷──與社會化媒體行銷團隊敲定社會化媒體上的推廣策劃案，並與公司自有社會化媒體通路結合，關鍵是要配合好兩個月活動中每個星期的節奏。

（9）線下推廣──給線下推廣團隊設計一套最有效的實體推廣方式，並保證推廣方案在下達到 25 個城市區域團隊後，他們能夠完整地執行。

（10）線上推廣──配合該推廣專案，PC 和 App 端的十餘個通路的線上流量購買以及相關的投資回報率分析。

（11）4 個傳統廣告媒體——落實辦公大樓 LCD、廣告看板、公車站等車亭、電影院片前廣告，在 25 個城市的上千個廣告點位中，確定分別在哪些城市的哪些時間投放哪些點位、哪些內容。

相比起產品，策劃的開發周期更短，市場的不確定性更高，涉及的環節更多，其實這些都是產品思維善於解決的問題。

當你從「做好一個產品」的角度去看策劃的時候，你就能意識到協調和管理這十多個環節只是做好產品的手段，而不是目的。你必須在這些環節中，破除干擾，牢牢抓住對整個策劃（產品）影響最大的那一條線。

這條線就是產品思維的核心——用戶場景。

挖掘用戶場景

產品新人有一個通病，就是喜歡在產品裡堆積酷炫功能。

很多做行銷的人的通病，就是喜歡堆積 FAB（Features, Advantages, Benefits，即產品功效、優點及客戶利益）。比如你看一個轉化率是 0.5% 的電商傳單上，一般就是印著一堆優惠，例如：「電冰箱 8 折！」「看電影 5 折！」「僅限十一黃金周！」「買 100 送 50！」，然後上面印了十幾個優惠商品。

這樣的設計都是創意驅動或是資源驅動的。換句話說，這是從設計者擁有的資源出發，有什麼創意就往上加，有什麼 FAB 就往上堆。推向市場以後，又問：「為什麼消費者都不買帳呢？」

如果讓一個產品經理來分析這個問題，答案就很簡單了：因為你不是從用戶需求出發的。

有人反駁：「我給優惠，難道不是瞄準用戶需求嗎？」

不是。因為用戶需求是分場景的，他在超市結帳的時候，對於一張 20 元抵用券的需求，和他在電梯裡看到你的框架廣告的時候對於同一張 20 元抵用券的需求是不一樣的。

所以，做產品的人都知道「用戶場景」這個詞，即用戶使用產品時的最常見場景是什麼。圍繞著這個場景，才能做出具有前瞻性的好產品。

我們回到「發傳單」這個小環節中，你需要思考的問題是：「用戶通常是在什麼樣的場景下拿到我的傳單的？」

於是你就會發現，用戶拿傳單的場景需要被拆分成三個細分場景：（1）選擇接受傳單的場景；（2）閱讀傳單上的內容的場景；（3）根據傳單上的內容做出行動的場景。

在這三個場景中，第一個場景的優化可以提高傳單的接受率；第二、第三個場景的優化可以提高傳單的轉化率。在每一個

場景上提升 3~5 倍轉化率，最終就可以帶來 20~40 倍的轉化率差距。

第一個細分場景：選擇接受傳單

很多人以為發傳單的關鍵只有一張傳單的內容本身。事實上，這個立體的場景裡至少有四個重要元素：傳單，發傳單的人，用戶的心情，用戶所處的環境。

用戶看到推銷人員時，往往是在商場或 CBD（中央商務區）來去匆匆的道路上。他是忙碌的，而他對陌生的推廣人員往往是帶著一些牴觸情緒的。你的「傳單產品」——記住，不僅僅是傳單本身，還有發傳單的人和他所說的話——如何適應這個場景？

大部分 O2O 公司的大促銷推銷人員在發傳單的時候，會努力加上 15~30 秒的話術，例如：「你好，我是×××公司的。現在下載我們這個 App 看電影只要 5 元錢，你只要掃一下這個 QRcode，然後點擊下載，然後……」

這樣做有三個問題：（1）降低了推銷的效率；（2）話術越長，執行中打折就越厲害；（3）一個陌生推銷人員說這麼多話，與在商圈大街上正常行走的人的情緒是不匹配甚至相牴觸的。

那麼,如何走出簡單高效、容易傳授又充滿情緒共鳴的第一步呢?當你圍繞著這個場景去思考以後,答案就出來了:

> 推銷人員送上一個大大的微笑,然後說:
>
> 「你好!送給你五塊錢的快樂!」

說完,就遞上傳單。然後轉向下一個。

用戶往往還沒有經過邏輯思考,就已經接受了。事實是,大部分人決定接受或者不接受傳單只有不到 0.3 秒的時間,哪來什麼邏輯思考,全是情緒驅動。

第二個細分場景:閱讀傳單

但是「五塊錢的快樂」是在說什麼呢?(別忘了我們的核心優惠是五塊錢的電影團購券之類的。)在接到傳單以後,用戶閱讀傳單上的內容的時間一般也不超過 1 秒鐘。這樣想,你很

快就可以理解上面印 12 個優惠商品再加上三行打折訊息是沒用的。你如何設計一個在 1 秒鐘內就能讓用戶決定行動的「傳單產品」？

很多做行銷的人覺得 CTA（Call To Action，即說服閱讀訊息的人積極採取行動）一定是基於優惠。這是一個非常錯誤的思維定式。因為優惠是一個邏輯概念，而人是一個情感動物，人類幾乎所有行動決策的臨門一腳都是情感驅動的。

所以你的 CTA 應該基於一個情感訴求，而非邏輯訴求。所有優惠的存在，都應該是為了推向一種情緒。

繼續分析場景。大街上接到傳單的用戶可以分為兩種狀態：一種是處在逛街中歡樂的狀態，另一種是處在奔波中、前往上班路上，或者剛剛下班的疲憊狀態。

在這兩種狀態下，你的「產品」如何介入他們的視野，才能夠在 1 秒鐘內激發他們的 CTA？

以下是我的答案（但不一定是最好的）：

沒有七八個優惠商品，沒有折扣力度，沒有下載 App 的提示，甚至連周圍的那些小字都是設計團隊堅持說「不加實在是太醜陋了」才加上去的（見下圖）。其實我覺得不加效果可能更好。

有人可能會問:「你連優惠都沒有交代,根本沒有達到目的啊!」用戶路徑中的每一個步驟,只傳遞一個訊息或者一個指

令,就已經足夠了。最忌諱的就是試圖在一個步驟裡告訴用戶 5 件事情,這會讓用戶不知道究竟該幹什麼。

而這個傳單只是試圖在 1 秒內傳達一個與用戶場景有情緒共鳴的訊息:「掃一掃這個QRcode,你會獲得一些快樂。」(再帶上一些好奇心情緒的驅動加成。)

第三個細分場景:做出行動

現在用戶決定行動了。

這時候大部分用戶的場景是什麼呢?他們正行走在沒有Wi-Fi(無線局域網)的大街上,而手機流量又特別寶貴(2014年),所以,你的「傳單產品」必須在這種非常惡劣的條件下,讓用戶非常輕鬆簡單地完成整個操作。你會怎麼做呢?

傳統 O2O 電商的做法是,讓用戶掃QRcode,然後去應用市場下載 App。這又是一個充滿本位主義(「我想要你下載我們幾十兆字節大小的 App」)、不思考用戶場景的做法。最終結果就是轉化率極低。針對這個場景,我們做了一個簡單有效的優化:用戶掃了QRcode以後,直接連接到我們建立的一個本地微信公眾號。我們在這個公眾號的簡介中,給出了「5 塊錢可以看一場電影」的 FAB。在用戶點擊關注以後,系統的第一條自動回復就

是下載 App 的連結。

這樣，如果用戶不在乎流量或者在 Wi-Fi 環境下，他可以當場下載；或者他在進入 Wi-Fi 環境以後，依然保留著這個下載連結。

而在用戶忘記了的情況下，我們會透過後續推送對用戶有價值的本地生活訊息，來提醒他回到這個下載連結中，直到完成最終的轉化。此外，作為一個本地生活服務訊息提供商，你還建立了在本地城市的媒體通路，但這是後話了。

最重要的是，你已經成功地讓用戶做出了第一步行動。行動是有加成效應的，也就是說你有了第一步簡單的行動，就會有更大的可能去做出第二步、稍微困難一點的行動。

MVP 策劃和 ABCDE 測試

當然，行銷方案不是拍腦袋拍出來的。

現在你剛剛有了一個基於你對於用戶場景的分析得出的產品，但是，你還不能把它鋪到 25 個城市。你的產品設計、平面設計、文案設計是建立在假設基礎上的。包括我上述的分析，如果沒有最終數據的正向支持，它就是錯的。我只相信數據。

做產品的人，這時候會拋出一大堆很酷炫的名詞，比如

MVP（最小化可行性產品）、AB 測試（小規模測試不同方案）、灰度發布（讓一部分用戶和另一部分用戶進行對比測試）。

其實這也不是什麼新概念，只是很少有人把它們用到行銷中來。而要想嚴格執行到底，並且做好數據跟捫和分析，對行銷團隊的執行力就有更高的要求。

在這個傳單的設計上，我們在三天內做了五個版本的對比測試，每個版本發 1000 份傳單：

版本一：傳單正面是買 50 送 50 的優惠訊息，QRcode 是微信號；反面是傳統的超優惠爆款陳列。

版本二：傳單正面是買 50 送 50 的優惠訊息，QRcode 是應用市場；反面是傳統的超優惠爆款陳列。

版本三：傳單正面是「五塊錢的快樂是什麼？」的標題，下面是超優惠爆款陳列；反面是公司 logo 和口號。

版本四：傳單正面只有「五塊錢的快樂是什麼？」，反面是超優惠爆款陳列。

版本五：傳單正面只有「五塊錢的快樂是什麼？」，反面沒有任何訊息。

因為內容不同，優惠方式也不同，所以做這 5 個版本的測試要求設計團隊、推廣團隊、數據分析團隊、贈品團隊、銷售團隊（需要談一下相應爆款團單）在三天內緊密配合。

最後測試結果的數據顯示，版本五的轉化率最高：發出去 1000 份傳單，帶來 223 個關注，當天下載 App 的占 25%，而其他版本的轉化率都在個位數。

我們在兩個城市都用版本五做了測試，都得到了 22% 左右的數據。最終敲定了這個方案，也就是你在上圖所看到的那個「很簡單」的設計。但它一點也不簡單。

在這個「傳單產品」被鋪開到 25 個城市以後，它維持著 20% 的轉化率──這是一個發傳統傳單的人很難想像的恐怖數據。但透過以上的分享，你能理解我們是如何一步一步將它變成現實的。

所以希望你能夠透過這有限的篇幅，透過一個很微觀的例子，看到我眼裡的行銷──一個集合了對於心理學和人性的把握、對於產品設計的經驗、對於創業方法論的積累、對於數據分析的敏感度，卻又充滿創意和樂趣的工作。

做好產品和做好行銷完全不衝突，兩者互相讓對方變得更有力。謹以此文，勉勵許多辛苦工作、充滿天賦的行銷從業者。

✏️ 金句收藏

1. 在確定戰略方向的時候，你最不應該做的就是：什麼都想要。
2. 蜻蜓點水的市調相當於沒做，有時候我們比別人做得好點，無非就是我們比別人做得更認真一些罷了。
3. 我一直相信，轉化看待問題的方式，而非解決問題本身，往往才是最關鍵的辦法。

後記
終極武器──最終的三個錦囊

不知不覺,本書已經寫到了最後。

在本書的最後,我不想再講什麼具體技巧和方法了,我想跟你聊一聊經營一家企業的終極武器。即使本書前面的所有內容你都沒讀過,我相信你只要讀了這一篇並能嚴格執行,也同樣有收穫。

我一直強調,做行銷不是最終目的,做品牌也不是,我們最終的目的是要獲得企業經營的成功。那怎麼才算企業經營的成功呢?我認為,所謂成功,就是達到了你設定的那個目標。

投資品牌資產也好,做推廣做通路也好,都是為了獲得經營的成功。

你說你不會做品牌,不會做行銷,也沒關係,我送你三個最終的錦囊,只要你能徹底執行,一般也不會做得太差。

第一個錦囊：模仿

我在本書中曾經提到過模仿律，其實人類是在模仿中前進的，人類幾乎所有的行為都是模仿行為。如果沒有模仿，我們的文化、精神、行為模式、價值觀就無法延續下去。

既然整個人類社會都是在模仿中發展的，那企業作為人類社會的一小部分，當然也是在模仿中發展的，所以當你有什麼不會的時候，你去模仿就好了。

但模仿不是胡亂模仿，而是要找到那個最標竿的模仿對象去模仿。萬通地產的創始人馮侖曾經講過一個故事，大概意思是說，他覺得萬科很厲害，因此萬通就沒必要創新，只要模仿萬科就好了。後來他跟員工說，遇到什麼事，去問問萬科遇到這種事會怎麼做，萬通也這麼做就好了。

這不是個笑話，而是一個很好的經營思路。

比如你做快消品，你還不太瞭解怎樣才能管好線下通路，那你首先就要找到一個模仿對象，然後努力去學習它就好了。在中國市場，這個模仿對象應該是誰？應該是可口可樂、雀巢、康師傅、伊利、飛鶴這種線下通路做得最好的幾家企業。

你應該做的，是找到這些企業負責線下通路的資深人士去請教，或者請他們來做顧問。

經常有人來問我一些問題，有些問題我確實不懂，那我有個萬能的答案，就是看看你做得最好的同行是怎麼做的，你去搞清楚，然後跟著做就好了。

如果要做數字化行銷，你應該學瑞幸；如果想打造網紅店，你應該學喜茶，學太二酸菜魚；如果想改善生產，你應該學豐田；如果想做好企業覆盤、地推和營運管理，你應該學美團；如果想引入 OKR（目標與關鍵成果法），你應該學字節跳動；如果想管理和經營快餐店，那你應該學麥當勞。

如果你在一個行業，連行業最好的品牌怎麼做的都不知道，那我覺得你經營企業是不合格的，做得不好，也怪不得別人。

第二個錦囊：執行

如果一個好想法值 100 萬元，那一個好執行就值 1000 萬元。

任何一個企業，最終能走向偉大，都離不開一個因素，那就是執行。任何企業、任何人，要想做成事，光有好想法是遠遠不夠的，要有好的執行才行。

我剛才說模仿，模仿只是第一步，如果你只是明白了怎麼做，卻沒有徹底執行，那我剛才說的第一個錦囊就等於零。國內

有一家近幾年快速發展的快餐品牌，它的老闆瞭解到薩莉亞在提升效率方面做得非常好，他就決定模仿薩莉亞的做法，去提升自己品牌的效率。如果是你，你會怎麼辦呢？你可能想過很多辦法，比如找人學習，找資料學習……等等。但這個老闆的執行極其徹底，他直接去薩莉亞餐廳應聘，做了三個月薩莉亞的員工。

你可以想想看，你有這種執行力嗎？

我們講推廣三角的時候，舉過某外帶平臺在烏魯木齊搶市場的故事，說的是甲平臺員工幫餐館老闆打包乙平臺外帶盒時，順手把甲的傳單放進乙的外帶中，但這不足以撼動乙的市場地位，顧客也未必會被甲吸引。那甲還有第二招，就是去針對那些乙也沒搞定的餐館。這種餐館通常是那種夫妻店，生意很好，不需要做外帶。午休時間一過，甲的員工就跑到這些餐館裡幫老闆洗碗，一洗就一個月。到最後老闆真的感動了，決定上甲外帶平臺。這樣甲就獲得了一個獨特的經營優勢，因為這個餐館乙平臺沒有，你要點外帶，只能去甲平臺。甲的員工會一家一家針對這種餐館。

這不是什麼祕密，而且作為競爭對手，乙不可能不知道甲的動作，可是他們竟然沒辦法抄襲這種做法。

執行力做到極致，一定是一個可怕的競爭對手。

光老闆有執行力還不行，員工的執行力也要強，全公司都有

執行力才行。

第三個錦囊：創新

　　經營一家企業，要想獲得豐厚的利潤，必須進行創新。

　　熊彼特是研究企業創新理論的鼻祖，他說企業只有在創新時才能獲得超額利潤，一旦創新被模仿，或者企業的創新停止了，那企業的超額利潤就消失了，它就只能獲得社會平均收入。

　　這裡說的創新並不是發明，而是一種全新要素的利用和重新組合，也不僅僅局限在技術層面，產品設計、功能體驗、組織結構、通路開拓、股權分配、激勵方式等企業經營的方方面面都有可能進行創新。

　　源自吉林長春的早餐品牌 1949 豆腐腦，首創將油條塗上肉鬆，這讓油條的價值感大增，普通油條賣 2 元一根，他們的油條就可以賣到 5 元一根，這就是產品的創新。

　　我們書中提到的那個汽修廠，它的老闆讓美團外帶騎手幫他尋找潛在客戶，這就是通路的創新。

　　華萊士把稻盛和夫的阿米巴經營模式與餐飲企業經營結合，創造出獨特的合夥人加盟模式，成為中國門市數最多的漢堡品牌，這就是企業經營模式的創新。

愛瑪電動車發動幾萬家專賣店店主做抖音內容，一周可以生產3萬條影音，這是內容生產模式的創新。

生財有術聚合成千上萬有實踐結果的會員，透過會員分享給會員的方式做知識交付，這是付費社群模式的創新。

模仿是讓你獲得一張行業內生存的會員券，創新則讓你成為VIP會員，獲得更多特權，而這兩項工作，都需要執行來保障效果。

這就是我最後分享給你的三個錦囊，祝你在殘酷的商業世界中活出生機勃勃的生命形態。

《銷售真相》並沒有終結，我們會總結小馬宋公司的諮詢實踐案例，持續為你貢獻更多內容，歡迎期待「行銷筆記」系列第三部。

你也可以關注小馬宋的同名公眾號、影音號、抖音、得到知識城邦、小宇宙播客等自媒體，隨時獲得行銷與企業經營方面的知識分享。

在公眾號「小馬宋」回覆「讀書群」，即可加入由小馬宋本人維護的讀書群。

從行銷的角度來說,

銷售主要就是靠4P中的後兩個P:通路和推廣。

《顧客價值行銷》講述了4P中的兩個P,

即產品和定價;《銷售真相》講述了4P中的後兩個P,

即通路和推廣。

這套書將經典理論與行銷案例結合起來,再用戰略高度來概括,為廣大讀者總結出一套成熟的行銷實操方法論。

《行銷4P必備套書》

VW00066
銷售真相：通路和推廣是行銷的核心

作　　者─小馬宋
主　　編─林潔欣
企劃主任─王綾翊
美術設計─江儀玲
內頁排版─游淑萍

總 編 輯─梁芳春
董 事 長─趙政岷
出 版 者─時報文化出版企業股份有限公司
　　　　　108019 臺北市和平西路 3 段 240 號 3 樓
　　　　　發行專線─（02）2306-6842
　　　　　讀者服務專線─0800-231-705．（02）2304-7103
　　　　　讀者服務傳真─（02）2306-6842
　　　　　郵撥─19344724　時報文化出版公司
　　　　　信箱─10899 臺北華江橋郵局第 99 信箱
時報悅讀網─http://www.readingtimes.com.tw
法律顧問─理律法律事務所　陳長文律師、李念祖律師
印　　刷─勁達印刷股份有限公司
一版一刷─2025 年 4 月 18 日
定　　價─新臺幣 420 元
（缺頁或破損的書，請寄回更換）

時報文化出版公司成立於一九七五年，
並於一九九九年股票上櫃公開發行，於二〇〇八年脫離中時集團非屬旺中，
以「尊重智慧與創意的文化事業」為信念。

© 小馬宋 2023
本書中文繁體版通過中信出版集團股份有限公司授權
時報文化出版企業股份有限公司在全球除中國大陸地區
獨家出版發行
ALL RIGHTS RESERVED

銷售真相：通路和推廣是行銷的核心／小馬宋著.
-- 一版. -- 臺北市：時報文化出版企業股份有限
公司, 2025.04
面；　公分. -

ISBN　978-626-419-327-6（平裝）

1.CST: 行銷學 2.CST: 行銷策略 3.CST: 通俗作品

496　　　　　　　　　　　　　　　　114002764

ISBN　978-626-419-327-6
Printed in Taiwan